护肤女王
的终极严肃指南

THE ULTIMATE
NO-NONSENSE
GUIDE

skin
care

[英] 卡罗琳·海伦斯 著
满彩霞 郜凌云 译 / 施敏 绘

人民东方出版传媒
People's Oriental Publishing & Media
東方出版社
The Oriental Press

目 录

Chapter 1

正确的护肤流程

Chapter 2

肤质类型与皮肤状态

Chapter 3

生命之始

Chapter 4

护肤工具包

谨以此书，献给我的母亲和外祖母。

序

你好，欢迎！

> 三代濡染，护肤理念流淌在我的血液里。

依稀记得，每每临睡前，外祖母总是一丝不苟地卸妆的情景。我特别乐意做她的小观众，她有条不紊、慢条斯理的样子，真是让我着迷。外祖母会先在卧室的镜子前卸掉眼妆，再到浴室的水池前清洁全脸。这背后，始终传递着一个信条：肌肤，应诚心呵护，没有偷懒的余地。潜移默化中，母亲对此深以为然。到了我这里，这个信条更是深深地根植于我心中。记得第一次跟母亲提出买化妆品时，母亲没有拒绝，“可以”；但同时给我提了一个条件，“你必须照顾好自己的皮肤”。于是，我拥有了人生第一块妙巴黎（Bourjois）腮红。

自 20 世纪 60 年代起，外祖母就在利物浦的美妆专柜做服务员，先是在科蒂（Coty）[1] 专柜，后来去了娇兰（Guerlain）专柜。有时，我和妈妈中午会去找外祖母吃午饭。在我的印象里，美妆专柜的女服务员永远都把自己打扮得那么无可挑剔：制服整齐干练，妆容精致，发型时尚，身上还有香香的味道，简直完美！我的母亲凯茜也和外祖母一样，十几岁时就开始在科蒂工作，20 世纪 80 年代时也曾服务于赫莲娜（Helena Rubinstein）。

我呢？十几岁的时候我就开始尝试各种各样的彩妆，白色的口红啊，蓝色的眼影啊，没有我没试过的。母亲看到了也从不干涉（尽管我一头黑色大卷发配惨白色口红的造型让她多看了两眼），但总是会叮嘱我：“一定要洗干净啊！”

长大后，我本来没有打算进入美妆行业。当时因为升级当了两个孩子的妈妈，我迫切需要找份兼职工作赚点奶粉钱，而我的闺蜜罗琳（我 20 多岁的时候青睐

1　科蒂，化妆品巨头，由 Francois Coty 于 1904 年在法国巴黎创立，目前科蒂旗下品牌包括蜜丝佛陀、妙巴黎、芮谜、古驰、博柏利等。

娇韵诗，在伦敦时经常和她一起去买）正好在夏菲尼高（Harvey Nichols）[1]的艾凡达（Aveda）柜台工作，于是我打电话给她，她说艾凡达恰好缺一个周末的柜台销售员。于是，我顺利通过了面试，从此开启了人生的新篇章。上班第二天我就发现，这份工作我做起来游刃有余。更重要的是，我对这份工作充满激情。我特别喜欢跟顾客打交道，喜欢与同事互相开玩笑，也喜欢零售业的大环境。现在回想起来，或许还有一种延续家族传统信条的归属感。可以说，我与美妆行业之间有着一种特殊的羁绊。于我而言，这份工作有着别样的意义。并且，我认为我们就该好好呵护自己的肌肤，不是吗?

在艾凡达接受的第一期员工培训课程就让我决定留在这个行业了。当时培训老师提到的一些方法和技巧，时至今日依然受用。

工作了一段时间后，我发现虽然自己喜欢专柜的工作，但它还无法让我尽情挥洒对护肤的一腔热情。好在艾凡达柜台旁边还有一间美容室，我们在这里接受皮肤护理的相关培训。于是，我为我的热情找到了归处：我渴望成为一名美容治疗师，见证护肤品“化腐朽为神奇”的力量，这让我感到乐此不疲。我暗自下定决心，一定要去最好的培训学校，拿到最高级的资格证书，就算变成旁人眼里的偏执狂也在所不惜。嗨！谁叫我是 A 型血呢!

入职伦敦的思蓓丝（Space NK）[2]，今生只为护肤狂。

品牌的培训课程总是走极端：要么信息量太大，要么枯燥到“死”，所以我也从另一个角度学到了顾客愿意接受的交流方式。

我做了一番功课，找到了市场上能够报名学习的所有课程，最后决定申请施泰纳美容学校。这是一家位于伦敦市中心的名校，在这里能学到（当时）世界上最先进的美容知识！施泰纳设有夜校，我可以一边学习，一边继续做我喜欢并且需要做的工作，两不耽误。平日里我正常上班，周一和周二晚上去施泰纳上课。

1 夏菲尼高（Harvey Nichols）是英国一家历史悠久的高档百货商店，也是英国老牌的奢侈品购物店，创建于 1813 年。

2 Space NK，是英国的一家个人护理和美容产品零售商，由尼基·金纳德（Nicky Kinnaird）于 1993 年创立，品牌名中的 NK 就是她名字的首字母。

光是这两件事，每周大约就要花上 50 个小时，与此同时，我还为人妻、为人母。

无论如何，施泰纳都太好了。花团锦簇的隔断帘、粉红色的华夫格地毯，只是制服实在有点一般。主训练室的墙上甚至还挂着一张女王的大照片，一进门就能看到，这很是不搭，搞得我每次都很想笑。

施泰纳虽然相当老派，但它要求严格、氛围严肃，这样的学风让我很是喜欢。紧张和深入的训练的确能造就人才。这也让我更加坚信自己的选择。毕业时间比我最初的计划有所推迟，因为中间我还插空生了两个孩子。所以当时我只有拼命上课攒学时，然后请假一段时间去生宝宝，之后再回到全职工作岗位，晚上继续上课……功夫不负有心人，我终于拿到了结业证书。毫无疑问，就是这么一张薄薄的证明，确定了我的职业发展方向。回想整个培训过程，其实并不轻松，但是只要执着于心之所向，有终极目标，有那么多人的支持，一切都会变得有趣。还有父母潜移默化留给我的职业道德要求，激励着我不管多难都要坚持到底！我特别感激他们！

再说回工作，我后来离开了思蓓丝，去了香缇卡（Chantecaille）、俐思（LizEarle）等品牌工作，包括我曾经钟爱的娇韵诗。顺便提一嘴，娇韵诗的培训真的很不错，就是制服差了那么一点儿。

兜兜转转，我最后得出一个结论：不管在哪儿，我都会因自带棱角的个性而无法适应公司的体制。所以，在 2009 年，我创办了自己的咨询公司。给别人打工时，我的注意力缺陷多动障碍（当时还未确诊）就给我带来不少麻烦，但是作为独立顾问，给品牌方指出不足、提出建议就是我的工作内容，再也不用他们想听什么才能说什么了。

> **我丈夫有一次感叹说：“谁能想到，给人挑毛病也能成为一种职业？！”**

2010 年，我开了博客。那个时候大家讨论护肤问题的态度都不怎么严肃，即便有相关讨论，最多也是提一提新品发布，讨论的重点无非是化妆品和美甲。在这样的大环境下，我的博客显得与众不同，受欢迎程度绝对是我始料未及的——“爆红”，有时候就在不经意间。

“我不建议这么做”“×× 做法不对，应该这样做”“×× 万万不能上脸”“不到万不得已不要用卸妆湿巾”……类似这样的博文为我赢得了粉丝的信赖。她们都对护肤有着强烈的痴迷，没有她们，恐怕我也无法成为今天的我。

到现在，我的博客浏览量已超过 1.2 亿人次，这为我开辟了一片全新的天地。

> 我在脸书（Facebook）上有个“护肤怪才”群，里面有各种时尚达人。我在这儿直面各路护肤传说，目睹了哪种做法有效，哪种是无用功。

我测试过海量产品，接触过数万张脸。我的挚友中有顶级化妆品科学家，有最好的皮肤科医生，还有美肤同行。我真是太幸运了。

本书尽量涵盖护肤的各方面问题，内容涉及年龄、种族、预算、肤色和肤质、产品成分。无论你是想寻求日常护肤建议，还是想要应对衰老、色斑、皮肤干燥、生病期间的皮肤护理等问题，在本书中均可找到对应的方法。同时，本书也会手把手教你如何对抗色素沉积，怎样解决脱水问题，如何淡化细纹，等等。

我会以我多年的行业经验，以及我在博客上的历练，助你轻松驾驭护肤的世界。

> 闲言碎语都不讲，我的风格就是直接给：直接圈出雷区，直接指明要用什么、不用什么，最大限度为你节省时间和精力。

> 如果我强烈推荐什么产品或成分，那一定是因为它真的有效果！

同理，如果我没有提到某种东西，那是因为我很清楚它在浪费你辛苦赚来的钱。如果你之前关注过我，就应该知道我的习惯：拒拍马屁——我以前没拍过，以后也不会。如果你爱护肤，快快到我碗里来吧！

感谢阅读。

好皮肤是王道！🤘

Caroline

我们的皮肤如何工作?

皮肤是造物主的恩赐。不论是皮肤紧致的小姑娘、一生战“痘”的圣“痘”士，还是更年期深受面黄困扰的小姐姐，她们的皮肤无疑不是大自然的奇迹。不是吗？皮肤在油脂、汗水、粉尘、污染、化妆品、污垢下面“工作”，日复一日，片刻不停，多么伟大！

事实上，**皮肤是我们身体的最大器官**。皮肤有生命、能呼吸，每天 24 小时，时刻都在工作。以下仅列出皮肤职责的一部分：

- 充当防水层。防止重要的营养物质从身体里渗流出来。（呕！听起来有点恶心！）
- 体温调节站。扩张和收缩毛细血管，允许汗液蒸发带走热量，为身体降温。
- 身体的第一道屏障，防止外部环境中的有害物质和微生物进入身体。
- 通过排汗，排出体内废物，如盐分、氨等。
- 产生黑色素，防止晒伤。
- 合成维生素 D，强健骨骼、维持器官健康。
- 抵御割伤、擦伤、烧伤等伤害的第一堵墙。
- 提供人类必需的触觉。

如此复杂的一套系统，值得我们用心尊重与耐心呵护。所以，要想达到护肤目标，理解护肤产品如何更好地起作用，首先应该做的是要搞清楚皮肤的工作原理。

表皮

表皮是皮肤的最外层，也是肉眼能看到的部分。表皮由角质细胞（即皮肤细

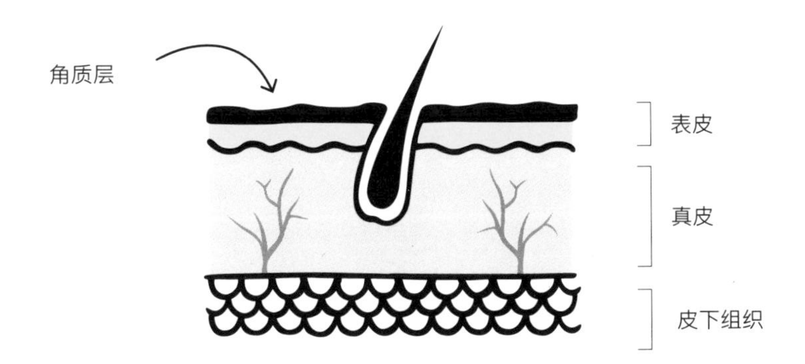

胞）组成，能帮助人体抵御细菌，是人体的第一道防线。

你的表皮会不断地更新，不断再生。新细胞（即基底细胞）会源源不断地在表皮的最底层——基底层产生。基底细胞产生后，开始慢慢向上移动，最后到达表皮，整个过程大概需要一个月。这些“活的”细胞层被称为“鳞状细胞”，最终会在角质层中变为一层死皮，从身体上脱落下来，这一过程会随着年龄的增长而逐渐放缓。所以若想解决皮肤暗淡无光的问题，清洁和去角质尤为重要。

表皮的底层也会释放黑色素，它可以帮你抵挡紫外线的伤害，副作用就是肌肤颜色会变深。我们之所以会被晒黑，就是因为皮肤为防止晒伤而释放出了这种黑色素。

> 非处方的护肤品只能作用于表皮。想要“打入敌人内部”，则需要用处方级或注射。

真皮

真皮层比较厚，含有血管和神经，是触觉的源头。真皮中的结缔组织由两种蛋白质组成：胶原蛋白和弹力蛋白，前者能令皮肤丰盈、紧实；后者令皮肤富有弹性，并具有柔韧感。生产这两种蛋白质的细胞都沐浴在透明质酸的环境中。透明质酸作为一种细胞脂质，能够帮你保湿锁水，并增强皮肤的屏障功能。

当你年轻的时候，真皮层的胶原蛋白和弹力蛋白丰富，复原能力强。随着年龄的增长，胶原蛋白和弹力蛋白的分解速度会超过细胞更新的速度，皱纹和皮肤干燥等问题就会趁虚而入。

真皮层还包括毛囊、油脂腺和毛孔头，所以毛发、汗液和油脂都是从真皮层开始输送到表层皮肤的。

皮下组织

这是位于皮肤和肌肉之间的脂肪和组织层，既能缓冲皮肤受到的压力，保护肌肉，又能维持和调节体温。

随着年龄的增长，皮下组织层会变薄，皮肤光泽度会下降，因此，皮肤下面的静脉血管就会显露出来；同时，身体的其他部位会出现脂肪团。

之所以介绍这些皮肤的基础知识，并不是想给各位上一堂生物课，而是因为只有了解了皮肤的基本工作原理，才能对护肤品行业的各种声音加以辨别，从而明白哪些做法有效、哪些是夸大其词，明白自己需要什么、应该选择什么……

不挑肤色的护肤方法

深色肌肤[1]面孔在护肤界的曝光度还有待加强。无论是在广告、产品包装，还是在杂志上，深色肌肤的面孔都偏少。我从不粉饰“美白”行业，所以也不避讳这一点。本书中的大多数建议都适合所有肤色。只不过，日常护肤难免略有差异。

深浅肤色有差别：

- 深肤色和浅肤色最明显的区别在于黑色素的分布情况。产生黑色素的黑色素细胞越多，皮肤颜色越深。
- 因为深色皮肤角质层的神经酰胺水平较低，所以深色肌肤的皮肤屏障功能更容易被跨表皮水分流失（TEWL）过程所破坏，因此肤质会比较粗糙、干燥。有深色肌肤的人会发现标有“含天然保湿因子”（NMF）、“屏障修复”

1　所谓“深色肌肤”，主要是指与白色皮肤或黄色皮肤相对的肌肤，如黑色或棕色肌肤。

或“神经酰胺”的润肤霜用起来效果不错，原因就在于此。

本书中，我会经常提到皮肤屏障功能（见术语表）这个词，皮肤柔软、光滑、有弹性是皮肤屏障功能完善的标志。若皮肤屏障功能受损，皮肤会变得暗沉、粗糙或干燥。

- 黑色素能防止紫外线伤害皮肤。黑皮肤自带的防晒系数（以下简称 SPF 值）约为 13.3，而白皮肤只有 3.4。但是，即使肤色较深也不能掉以轻心，防晒产品依然要用起来！
- 研究表明，深色皮肤的角质层并不厚，但却比较紧致。也就是说，深色皮肤拥有弹性好，且自带防晒功能的先天优势。
- 但是凡事有利必有弊，肤色较深的人会因为胶原蛋白过剩而比较容易形成凸起的疤痕，即肥厚性瘢痕或瘢痕疙瘩（见术语表）。
- 此外，深色皮肤还存在一个潜在问题：炎症后色素沉着（PIH）。这是指皮肤伤口愈合时，黑色素可能会增加，愈合之后也不会消失的现象。若想对抗色素沉着，可选择含有以下成分的护肤产品（见成分表）：
    - 维生素 C
    - 曲酸
    - 熊果苷
    - 甘草提取物
    - 对甲氧基苯酚
    - 烟酰胺
    - 壬二酸
    - N –乙酰葡糖胺
    - 对苯二酚
    - 半胱胺
    - 维甲酸（tretinoin，也叫“维 A 酸”）

除了使用含有上述成分的产品，还有一点，再怎么啰唆都不为过：**用防晒！**

BOX
cult BEAUTY
by Caroline Hirons
the BOX
cult BEAUTY
by Caroline Hirons
ORVEDA
fresh
INDIE LEE
DCL
GODDESS
VERSO
Kate
pixi
CLEANSER
ESPA
OSKIA
Murad
STRIDEX
Ushuaia
VICHY

Chapter 1

正确的护肤流程

『正确的护肤流程是
拥有好皮肤的基础』

1

护肤应从何处下手?

皮肤是人体最大的器官，值得我们去用心呵护。当然，也不必像做科学研究那么精密精准，只要能在日常养成一些护肤好习惯，我们就一定会看到皮肤状态的改善。在这个过程中，正确的护肤流程是一切护肤工作的基础。做对了，就可以让我们的肌肤葆有更长久的青春。早晚各花两三分钟。当然，如果你很享受，多花一些时间也未尝不可。总之，要确保完成这一功课。

首先审视一下：我们的日常护肤是否过于烦冗？如果你手里有两款精华液，你会先用哪款？如果有两款眼霜呢？还有卸妆、清洁……我们每天被各个网络博主、媒体红人“种草”，导致了很多不理智的消费。确实有些产品适合所有皮肤。但是，在这里，请你先做减法。本部分将详细、准确地介绍我们在护肤程序的每一步到底都需要做些什么。

基础清单：

- 几条亲肤毛巾。(见第 17—18 页)
- 我日常护肤时一般不会用任何含矿物油的产品。化妆品公司在产品中添加矿物油成分主要有两个原因：
  (1) 矿物油不易致敏；(2) 矿物油成本低。
- 泡沫型产品？ No！
- “控油”产品？ No！(见第 22—23 页)
- 我不建议用湿巾，除非在没有水的情况下(比如在飞机上、野外露营、节日活动现场等，你懂的)。
- 以下所介绍的步骤适用于所有皮肤类型。如有特殊情况，我会另行说明。
- 本章以及本书中，会出现“书挡”(bookends) 一词，它指的是洁面和保湿两步。首先清洁皮肤，再用保湿产品锁水，就可以像书挡一样将皮肤保护起来啦！

写在开始之前：

如果皮肤没有出现问题，那就不必急着更换护肤品。如果那款产品你很熟悉、很喜欢、很信赖，用起来效果也不错，就仍可继续使用。我的建议仅供参考。**最了解你肌肤的人，一定是自己。**

好皮肤顶级指南

每个人的肤质不尽相同，但护肤的基本原则大致无二。

- **每晚彻底清洁肌肤，不能懈怠**——清洁肌肤是**第一黄金法则**！如果化了妆或涂了防晒霜，或者既化了妆又擦了防晒霜（此为大多数情况），就要做双重洁面，即先卸妆再洁面。
  给那些说实在没多余时间的美眉一个忠告：要么**到家就卸妆**，要么**先卸妆再“卸”文胸**（如果你根本不穿文胸，没文胸可“卸”，或者没有“卸”文胸睡觉的习惯，那么请遵循第一条！）。
- **每天早晨认真洁面。**早晨洗脸不必像晚上一样细致，但是用润湿的亲肤毛巾加温和的洗面奶／洁面膏来清洁，有助于清除夜间产生的污垢。我知道有些名人肯定告诉过你：晨起无须洁面。把这话当耳旁风就好！
- **正确洁面。**一张干净的画布总会带来最好的创作效果，这就如同洁面。如果你用的是湿巾，或者在清洁的时候即兴发挥，草草了事，**抹再贵的精华也无济于事**（有关洁面的更多信息见第 30 页）。
- **戒烟。**吸烟会让你为皮肤所做的一切功亏一篑，所以，如果你想有好肌肤，就要从戒烟开始。
- **适当晒太阳。**晒太阳也要讲究“中庸之道”。比如我居住在北半球，整天都在室内工作，又不经常晒太阳，所以就得根据医生的建议适当地补充维生素 D，而晒太阳也是促进人体生成维生素 D 的方式之一。
  当然，过度日晒会对皮肤造成损伤；同样，过度接触氯、污染也会伤害到皮肤。所以，一定要把握好尺度。一些品牌千方百计地把太阳塑造成人类皮肤的终极敌人，但是只要稍作了解就不难发现，这些说辞都是品牌的套路。适当晒太阳有益于身体健康，只要**别过度**。

- **用高 SPF（30+）的防晒霜**。同时也给小孩子用防晒霜。从小做好防晒工作，多年以后可以节省很多时间和银子，也不必费心去修复被晒伤的皮肤。
- **使用优质的护肤品**。“优质”不等于“昂贵”。我说的不是那些花费超过你每月生活预算的面霜，而是千万不要买超市或者药店的廉价擦脸油。
- **护肤产品的消费水平，可以参照你买鞋子、包包时的花销**。我说这句话，不是一定要你对标这两种消费，而是让你建立这种消费意识（参见“护肤工具包”部分）。
- **保证充足的睡眠**。睡眠不足带给你的疲惫状态，会在脸上显示出来。
- **护肤要做到锁骨**。颈部和前胸（法语里有一个专门的术语，叫 décolleté，即对上胸部和肩膀的称呼）也是你护肤的范围。
- **均衡饮食**。我不想扫大家的兴，吃自己喜欢的东西当然是一大乐事。但要注意，不健康的食物不能吃得太过火。肠道健康与肌肤健康直接相关，比如说服用少量益生菌，对皮肤很有好处。
- **多喝水**。多喝水不但能帮助皮肤健康运转，对身体的健康也十分重要。你可以观察一下自己的尿液颜色，如果颜色较深，那说明你得多喝水了。
- **避免压力大**。我知道，这说起来容易，做起来难。但大家还是应该找到让自己高兴的方法，尽量过得开心。

『如果你宁肯花大钱去买包包，
也不愿意花点小钱来护肤，
那这本书可能不太适合你哦！』

2

早间护肤流程

早间护肤的主要目的：帮助皮肤做好准备，迎接新一天的到来。
清晨保养皮肤，就好比洗完澡换上干净的内裤。

你可能会说：早上做护肤工作，这不是常识吗？ 但的确经常会有那么一些人问我："早晨真的要洗脸吗？"

当然了！

不知道亲爱的读者你是怎样做的，反正我每天早晨醒来，脸上总会泛起可爱的油光。

这层油就是汗液与油脂的混合物，它在提醒我们：伙计，你该洗脸了！

淋浴时不洁面

我从不在淋浴时清洁面部，一是因为水温过高（最起码对我来说是有点高）；二是因为我不想让洗发水里的表面活性剂流到脸上。所以我洗澡时往往背对花洒，高高地抬起下巴——就好像在生花洒的气一样。

洗澡后再洗脸，这个顺序不可逆！

法兰绒毛巾使用指南

质地柔软的法兰绒毛巾可以更好地清洁我们的皮肤。想想我们的父母，当我们还是婴儿时，他们给我们洗澡时用的就是法兰绒软毛巾，对吧?

法兰绒毛巾的质地要优于湿巾和棉布，能够更有效地清除污垢，也有助于去除角质。

至于毛巾的数量，最少要准备 8 条，每周 7 天，一天一条，余下一条留给洗毛巾那天用。早上洁面时用一条干净的毛巾，晚上仍可重复使用。当晚用过后，将其收到洗衣篮里，切忌第二天再用。

没必要买昂贵的蓬松加厚款，普通法兰绒毛巾足以满足日常所需。颜色推荐白色，因为白色毛巾能让你清楚地看到擦掉的油泥，并感受到油污脱落后的成就感。

至于毛巾的清洗，机洗就完全可以。不需要额外添加织物柔顺剂，小心造成不必要的洗涤剂残留。

洁面

任何无泡沫的洁面产品——洗面奶、洁面膏（少量）、洁面啫喱都可以。只要别让你的脸洗“泡沫浴”，皆可。当然，如果担心钱的话，早晚完全可以用相同的洁面产品。

记得用干净的法兰绒毛巾！

去角质

我们不必再用传统的刺激性强的磨砂膏去死皮（去角质）了。谢天谢地，终于过时了！现在的去死皮新宠是酸，它的作用不仅限于此，后边我们再细讲。**刷酸[1]就如同在你耳旁吹喇叭，迫使你的皮肤作出回应。**

大多数品牌都生产你在涂抹“爽肤水”阶段用的去角质 / 酸性产品。不过叫它们“爽肤水”可真委屈了——它们可以说是 21 世纪的高阶版“神仙水”。使用含酸爽肤水（acid toners）就像把脸带到健身房。

尝试用用看：温和版的、活性强的……酸的种类很多（详见 167—174 页），但最主要的是三种：乙醇酸、乳酸和水杨酸。只想买一种的话，要么买一款温和型的，早晚用；要么买一款强效的，只在晚上用。若是敏感肌或是首次使用，可先尝试一周用两次，观察皮肤的反应，再视情况调整使用频率。

根据相关法律要求，任何含有酸性物质的产品其外包装上都必须注明“避开眼睛区域”，但实际上，除非你用的是处方强度、皮肤科医生开出的硬核酸，否则没什么大问题。刷酸时，可以将酸滴在化妆棉上，轻轻按压眼周一圈——从眉头到眼角，从眼角到眼窝，然后再按相反的顺序来一遍。

警告：有的皮肤一天刷酸两次，甚至两天一次都可能偏多，或者根本就不需要，尤其是在用了含其他活性成分产品的情况下，比如晚上用了浓度很高的类视黄醇 (retinoids)。所以，如果你是刷酸新手，不要冒进，根据皮肤的反应慢慢来。

> 放松，学会倾听你的皮肤。过犹不及。如果尺度没掌握好，或者皮肤反应过大，首先停止刷酸，其次停用含有其他活性成分的产品。

1 刷酸有两种，一是医美刷酸，就是我们经常听到的果酸换肤，也称化学换肤，医美中的酸使用含量会很高，所以需要专业的操作；另一种就是用日常护肤品进行刷酸，即本书所讨论的。

使用保湿喷雾

这是我的最爱。喷雾是补水的第一步，我感觉喷雾时能将我的肌肤唤醒。保湿花露或保湿水都可以用作喷雾，按你自己的喜好来。喷雾中应含甘油或透明质酸等成分，优质的玫瑰水也可以。所谓“优质”，即按照国际化妆品原料命名（即INCI，见术语表）是玫瑰水，而不是香水、香精、着色剂。注意查看成分表。

在这一步，你也可以将传统的“爽肤水”倒入瓶里当喷雾，只要它的主要功能是补水。一些爽肤水号称能“去油”或“控油”（见术语表），其实这并不是我们需要的。这个阶段尽量避免使用含酒精成分的爽肤水。

涂抹眼部产品

眼部产品不能放在最后使用。因为无论你使用精华液和保湿霜时多么小心，眼部总是难免沾到一些，多多少少会影响眼部产品的吸收。

正确的做法应该是先在眼眶（太阳镜覆盖的区域）涂抹眼部产品，再使用精华液、润肤霜和防晒霜（也可以涂在眼部产品上，两者不冲突）。

使用精华液／面油

精华液和面部护理油（facial oil, 简称“面油”）[1] 如何使用是大家询问最多的一个问题。我一般会根据精华和油的质地来决定。

首先用精华（尤其是水基精华），然后来几滴面油，最后涂润肤霜。如果我用的是高硅质地的精华液，则会省去涂面油这一步，直接使用保湿霜。不过凡事总有例外，如果你的方法对你有效，请勿更改。

有许多人喜欢将精华液滴在掌心，揉搓“加温”，觉得这样做有助于皮肤吸收，但是我认为这样做不仅浪费时间、浪费金钱，还浪费精华液！揉搓加温没有任何用处，除非咱们的目标是“护手”，而不是“护肤”。

---

1 “面部护理油”（facial oils），不同于“精油”（essential oils）。a. 精油是挥发性的，它们会变成蒸气，而面油在室温下是稳定的液体；b. 精油主要使用它们的芳香品质，其中一些（例如茶树精油）具有特定的护肤功效，但本质上不是润肤剂、保湿剂或滋养剂，面油具有润肤、滋养、保湿、抗氧化功效；c. 精油具有很强的刺激性，在使用时要小心谨慎，面油的耐受性则较高；d. 精油为浓缩型，在使用前应该用载体油稀释，面油则可直接使用；e. 精油是通过加热以分离植物提取物的蒸气部分而获得，面油则是通过萃取获得的，即物理或溶剂型。

『眼部产品如果用在后面，
就好比把内裤穿在了外面。』

保湿霜 / 润肤霜

选择保湿霜时要根据自己的肤质类型，而不是皮肤状态。保湿产品就像给肌肤穿的外套，能将皮肤保护起来。很多人往往在选购时不遗余力，却在涂抹时草草了事。比如，剜出花生粒大小的一块，点在脸上，然后随便擦两下；或者把价格不菲的面霜在脸上拍两拍。涂抹时不用心，之后还生气：为什么这张脸还是老样子！

记住，不要相信任何承诺“控油”的产品，皮肤上分泌的油光本质上不是护肤品能解决的。我们的皮肤也不是为“哑光”进化而来，给身体一点时间去消化这些油脂。

| 等我们停止呼吸之后，那些油有的是时间被控。

如果你的脸实在太油，那就用质地轻薄的透明质酸精华液和无油润肤霜。没必要非揪着“油光”这个问题不放，留给化妆去解决。

| 在保湿霜上不用花大钱，适合你肤质的就是最好的。

|误区| 皮肤晚上会“睡觉”

错！皮肤不会睡觉！白天不会，晚上也不会。

还有一种说法是：晚间之所以要用不同的护肤品，是因为皮肤白天要忙着对抗自由基（见术语表），只有晚上才能“放松”一会儿。No！自由基根本不在意时间这回事，它一天 24 小时都在工作。甚至可以这样说：只要我们呼出二氧化碳，脸就会被一团自由基环绕。虽然在一些销售员的嘴里好像不是这么回事儿。

晚间护肤要用与早间不同的产品，不为其他，主要是因为夜间皮肤不用受灰尘、阳光等的侵害，所以用更轻薄、配方更有针对性的精华/面油/视黄醇等产品后，可以使其全神贯注地吸收营养，致力于修复白天造成的损伤，并自我再新。

| 早间护肤目的：保护皮肤

| 晚间护肤目的：护理与修复

皮肤是我们身体的最大器官。它和心、脑、肺、肾、肝一样，一旦需要歇会儿再工作，生命便进入了倒计时。

“皮肤晚上睡觉吗？”

哦，如果是那样的话，我也将长眠于世。

使用防晒产品

我推荐大家单独涂抹防晒霜，每次大概核桃大小。带 SPF 的润肤霜尽管也可用于防晒，但既达不到防晒所需，也阻碍润肤霜发挥功效。在我看来，一款价格不菲的“SPF15 抗衰老保湿霜”给人的是一种虚假的安全感。

> *千万不要用防晒霜代替润肤霜。那就好像外面穿着雨衣，雨衣下面却只穿了一件胸罩、一条内裤。*

但凡你不是个雨衣套胸罩就能出门的人，我都建议你在雨衣（防晒霜）下面穿上正儿八经的衣服（润肤霜）。

> *风雨无阻，每天涂抹防晒霜。*

广谱防晒霜（见第 199 页）可以防止 UVA 射线和 UVB 射线对皮肤的伤害。UVA 射线会损害皮肤的弹性，UVB 射线则会造成皮肤损伤，改变细胞结构，严重时还有可能导致皮肤癌。我推荐使用 SPF 不小于 30 的防晒产品。

防晒霜涂在哪儿也有讲究。后颈部和耳朵都要照顾到。为达到标签所注 SPF 的效果，每平方厘米皮肤需要用 2 毫克防晒霜（见第 48 页和第 67—68 页关于用量的建议）。官方指标经常有变化，但总的指导方针是**用在脸上的防晒霜与保湿霜比起来，用量约需增加一倍。**

| 误区 | 油皮洗完脸后不用涂护肤品

油皮 / 混油皮的人经常会犯这样的致命错误：洗脸时恨不得把脸洗得“吱吱”响，甚至洗到自己倒吸凉气，洗完还什么都不涂，硬扛着。

可这是脸，很娇嫩，不是头发。若想改善皮肤状态，光靠洗脸是不行的，该有的步骤一样都不能少：

- 用优质的无泡沫洁面产品洗脸。如洁面油、洁面膏、洗面奶或洁面啫喱，不要用含矿物油或起泡的产品。

- 刷酸，去角质。
- 喷保湿喷雾。
- 如果皮肤有问题，根据皮肤状态（细纹、色斑、疤痕、脱水等）涂抹有针对性的精华。
- 涂抹透明质酸精华和保湿霜，或是适合自己肤质的面油（并非所有的油都会堵塞毛孔）。

> 用精华调节皮肤状态。
> 用润肤霜或面部护理油改善个人肤质。
> 洗完脸不涂护肤品，犹如一丝不挂当街裸奔。

早间护肤步骤

1. 将无泡洁面奶涂抹于面部轻轻按摩，然后用温水洗掉，并用干净、潮湿的法兰绒毛巾把脸擦干。
2. 喷雾。
3. 刷酸去死皮，或者使用含酸湿敷棉片擦脸。
4. 用无名指取足量眼霜，用另一只手的无名指蘸取一半，分别涂在眼眶区，包括眼睛的上方和下方。
5. 在手心滴几滴精华或面油，用另一只手的指腹蘸取并涂抹于面部。
6. 将保湿霜涂在面部、颈部、锁骨部位。
7. 保湿完成之后，涂抹防晒霜，确保用量足以达到防晒效果。

关于防晒
你可能最关注的三大问题

问题1：那些号称“一天只需用一次”的防晒霜真管用吗？

我在度假时从不用这种防晒霜，更不会给我家娃用。如根据产品网站上的说法：使用他们SPF50的防晒霜，每天只需一次，便可以“放心地”在太阳底下待10个小时。整整10个小时？开玩笑吗？一天只用一次的防晒霜，只适合于以下情形：

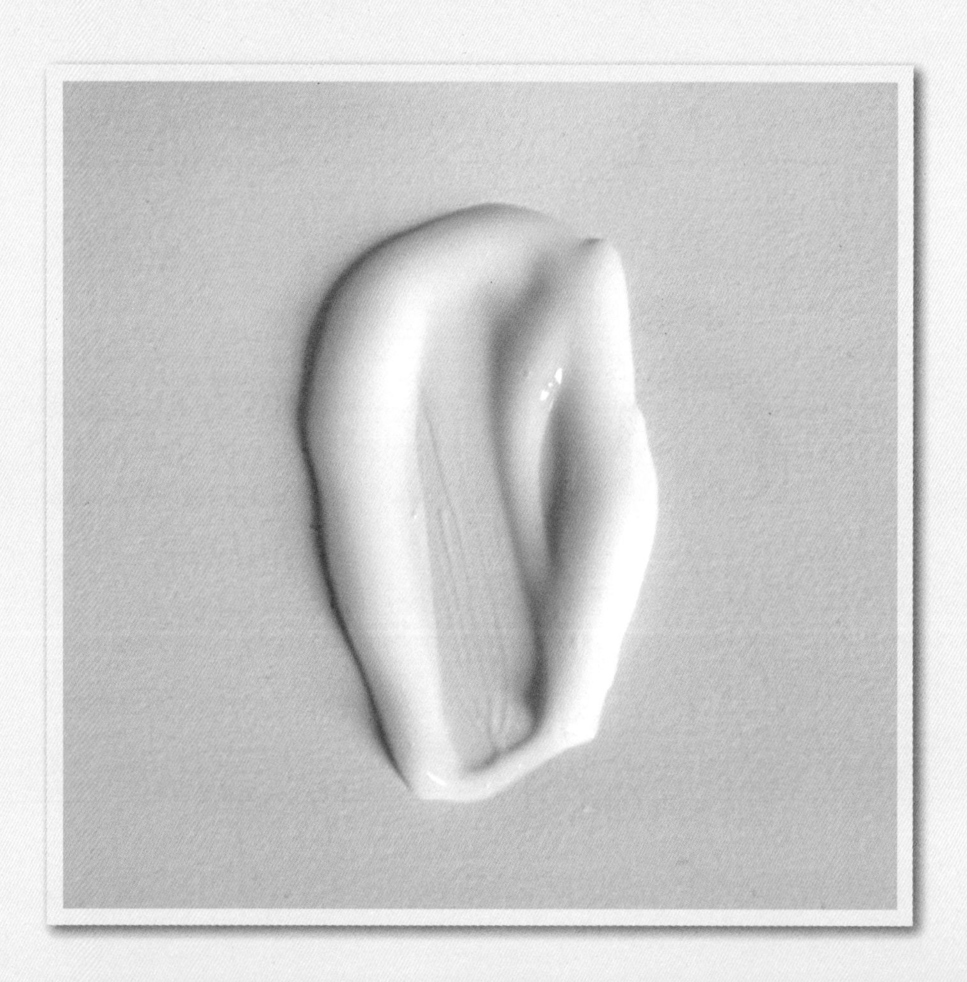

小孩上学时。比如我家孩子的学校有规定：即便家长允许，老师也不能触碰孩子的身体。在这种情况下，一天只用一次的防晒霜应该算是不错的选择。小孩子在学校中不会像在海边时对防晒有那么高的要求，所以防晒效果可以勉强持续到放学（下午 3 点 30 分）。尽管不是 100% 满意和放心，但 SPF50 的防晒霜总比那种所谓"儿童专用"的 SPF15 强。作为父母或者看护人，这些基本的判断能力应该有。记住：不要漏掉脖子后面和耳朵！

基础护肤后做了妆前防晒，妆后直接上班。这样的话，防晒效果可能只会保持到午饭前后，所以原则上需要补涂——虽然这不太可能实现，但是，用总比不用强。相对而言，一天涂一次的防晒霜比起去海滩度假更适用于城市生活，上下班途中可配合一顶遮阳伞、大檐遮阳帽。

问题 2：你怎么看防晒喷雾？

有一个好处是：喷雾可以用在妆后。但有一个需要注意的问题，它必须覆盖整个需要防晒的区域才能达到防晒效果。我们自己往往做不到那么精细，除非是给孩子喷。如果做不到均匀精细地喷洒，就老老实实地用"一天一次"的防晒霜，有条件的话补涂，或者学习杰奎琳・肯尼迪，用帽子和太阳镜把自己"武装"起来。还有一点，用喷雾会有误吸的问题，不管如何小心，都不可避免。当然如果这些对你来说都不算问题，完全可以用。

问题 3：夏天用酸和类视黄醇安全吗？

安全——只要认真做好防晒即可。

3 洁面的真相

洁面是到目前为止所有护肤步骤中最重要的一步。

我不管别人怎么说，如果你只拿一张“卸妆巾”擦脸（等于是把脸上的污垢移来移去），然后涂上贵妇级精华或润肤霜，哪怕再贵、再多，也是白搭，这就是浪费金钱、浪费时间。

我称之为“双重清洁”（double cleansing）的做法，很多人都采用了。什么意思呢？举个例子，洗脸前先用胶束水（micellar water）[1]、眼部卸妆液擦掉底妆和眼妆，这只能算是初次洁面，然后再用洗面奶洗脸，则为二次洁面。不需要双重清洁的情况是没有化妆，也没有抹防晒霜。

注意：一瓶胶束水不能包揽全部清洁工作，别神化它了！

明确一点：早晨不用做双重清洁。你不需要卸妆，也不需要卸防晒霜，按照正常流程洗脸、护肤即可。

现在还流行一种 60 秒洁面法，即在脸上涂完洁面乳后，按摩 60 秒再洗掉，说这样只需做一次洁面就 OK。如果是早上完全可以，但晚上行不行呢？我觉得不妥。化了妆、涂了防晒之后，两遍快速清洁对皮肤的刺激要比一次长时间的按摩小得多。初次洁面的主要目的是卸妆、卸防晒霜，二次洁面则为清洁皮肤。

早间洁面

可以用以下任何一种洁面产品：

---

1 胶束水（micellar water），从本质上讲是一种兼具卸妆、清洁和半保湿于一体的多功效合一的产品，且是一种无须用水冲洗的产品。比起其他清洁产品，胶束水要温和得多，可以成为日常清洁、护肤的有益补充。但对于厚重的彩妆、防晒霜来说，因它不能充分清洁皮肤，所以不能作为唯一的洗脸方法。

- 不起泡的凝胶/啫喱
- 洗面奶
- 洁面乳
- 洁面膏
- 洁面油
- 洁面泥（黏土）

不要用：

- 湿巾
- 胶束水

早晨的洁面程序取决于醒来时皮肤的感觉，也要看这一天的工作、生活计划。如果今天要带妆工作到很晚，那我会用洁面油洗脸。用洁面油洗完的脸，肌肤更加柔软，保湿时间更长，就算是到了下午，也不容易脱妆。

如果一整天都在家，我会用一些更具活性的产品，然后刷强酸，涂上修复型精华和质感厚重的润肤霜。

另外，在家时还可以给肌肤做个 spa：**洁面、去角质、修复，（有需要的话）再做个二次修复。**

这就是为什么连续几天在家工作后，我的皮肤看起来更好，而如果每天都有应酬，皮肤感觉“一般般”的秘密（用我自己的标准来衡量——你们知道我对自己相当严苛）。至于旅行时的皮肤护理，我们到后面再说（见“人在旅途”）。

湿巾和胶束水不适合在早上用，一般只在特殊或紧急情况下偶尔用用。

晚间（二次）洁面

晚间洁面时，一定要把脸上的污垢、彩妆、油垢等彻底洗掉。不管是我，还是美容柜台的服务员，其实都没有你更了解自己的皮肤和妆容习惯。

化了超浓的眼妆怎么办？先卸眼妆再洁面。

涂了防晒霜怎么办？先卸防晒霜再洁面。

既化了妆又涂了防晒霜呢？那就用卸妆油。**拿不准买啥的时候就买卸妆油，**准没错。想想好莱坞经典电影里明星们卸妆洗脸的场景，她们都是用卸妆油，就

是因为油的效果好！看看上页十二宫格照片中的最后一张，你就知道卸妆之后再做二次洁面以及使用干净的毛巾有多重要了。

初次洁面我推荐如下产品：

- 眼部专用卸妆液
- 胶束水
- 卸妆油——油基清洁产品相当不错，但进行初次洁面时没必要用太贵的。
- 洁面霜——最好用质地较厚重的，如“娇韵诗的舒柔洁面霜”[1]——已停产的那款。
- 油膏——不必很贵，但效果一定要好。如富含红花籽油的“倩碧TTDO”[2]，使用时会从固体香膏转变为柔滑的油，“美体小铺的洋甘菊卸妆膏”[3]也好用。

二次洁面需要注意：

价格最贵的产品要在二次洁面时拿出来。在这一步，洁面产品的任务不是卸妆，而是清洁皮肤，必须确保肌肤干净、平缓、舒适，以帮助皮肤做好接收其他护肤品的准备。所以如果有压箱底的宝贝，赶紧拿出来用吧。

> 有人说双重洁面就是先用卸妆油再用泡沫型洁面产品。No！

预算有限的话，两次洁面可以用同款产品。我们都有囊中羞涩的时候，我也经历过。你只需根据自己的实际情况，购买能力范围内最优的就好，最重要的是你对护肤的态度。

如果用同一款洁面产品，那么初次洁面时可以少用一点，主要是去除一部分眼妆和脸颊部位的化妆品（也是防晒霜用得最多的部位），用毛巾擦干后，再做二次洁面。

1　英文名：Clarins Extra-Comfort Cleansing Cream。

2　英文名：Clinique Take The Day Off Cleansing Balm，也称为倩碧“紫胖子”卸妆膏。

3　英文名：The Body Shop Camomile Sumptuous Cleansing Butter，美体小铺的十大明星产品之一。

二次洁面是轻柔按摩阶段，需要你花一点时间认真对待。初次洁面不需要花太多时间，只要能初步去除污垢就够了，不用彻底把脸洗干净。

二次洁面推荐如下产品：

- 洁面膏：要用优质的、植物性、含油成分的。
- 洁面乳。
- 洁面凝胶 / 啫喱：无泡沫型（即不含 SLS/SLES[1] 这种表面活性）。
- 洁面泥（黏土）。
- 洁面霜。
- 洁面油：洁面油和洁面膏是我最爱用的产品。它们的效果很出色，并且不会过度损伤皮肤的酸性保护膜（见术语表）。

我推荐的洁面产品和品牌见第 159 页。

| 以上就是洁面的全部流程和注意事项了。
| 重要的是每天都按例行程序正确洁面。

|误区|“拍干”

经常有人问我护肤流程以及护肤品的使用步骤。

有些写在包装上的说明都过时了，这是因为新产品研发部门和营销部门偷懒，一次次重复之前的建议，因为之前就一直这么说。

洁面产品就是一个很好的例子。在它们的包装上常常标注着：洁面后，请用水冲洗并拍干皮肤。但实际上，我们更需要的是面部肌肤保持湿润而不是干燥。

所以，我会在洁面后用法兰绒毛巾轻轻按压肌肤以吸收多余的水分，趁肌肤湿润时直接进入下一个步骤。如果先“拍干”再涂其他产品，那么吸收效果会大打折扣。

1 SLS，即月桂醇硫酸酯钠；SLES，即月桂醇聚醚硫酸酯钠。两者属于强效表面活性剂，常用在牙膏、洗发水、沐浴露、洁面产品中。

特例只有一个——维生素 A 产品。

类视黄醇（所有含有维生素 A 衍生物的外用产品的通用术语，也称为“类维生素 A”），尤其是处方强度的产品，应该用于洁肤后干燥的皮肤上，这样能降低对皮肤的刺激强度（湿润的皮肤更利于成分的渗透，增加刺激性）。我一般会在洁面后用法兰绒毛巾擦干水分，然后等自然晾干后再涂抹（通常也就是泡杯茶的时间），之后应用其他护肤品（类视黄醇详解见第 177—183 页）。

4 晚间护肤流程

| 到家了？脱掉文胸，挽起头发。
| 认真洁面。

晚间护肤的主要目的是帮助皮肤恢复原有的状态。

即修复肌肤。

脸部肌肤在晚上不会受到阳光、粉尘等的侵害，所以晚间是修复肌肤的绝佳时间。

护肤界有个老生常谈的说法，说**“皮肤只有在晚上才会自我修复”**—— 这是胡说八道。**“皮肤晚上会睡觉”**？ No ！ 晚上会睡觉的是你，而不是皮肤。皮肤不是电暖气，哪儿来的一会儿开，一会儿关？**人的皮肤一天24小时都在进行自我修复**—— 之所以要在睡前做特别护理，是因为皮肤在睡觉时可以获得来自身体的更多关照，即它会获得最佳的修复效果。

洁面

“我晚上需要做二次洁面吗？ ” 这是我常常被问到的晚间护肤问题之一。我想说，只有一种情况不需要做二次洁面—— 整天都待在室内，没涂防晒霜，也没化妆。相反，如果在伦敦市中心待了一天，或者只待了半个小时，也必须先卸妆，清除脸上的油脂、污垢、化妆品和其他脏东西，然后再认真做二次洁面。

如果白天用了防晒霜，那二次洁面就更有必要了。有很多人说自己对防晒霜过敏，甚至“闷痘”，潜在的一种原因就是没洗干净脸（真正对防晒产品过敏的人群除外）。

| 防晒产品为达到防晒效果，持妆性都很好，所以需要你花点时间认

真对付它们。

化妆品为达到美妆效果，同样也具有很好的持妆性，也需要你花点时间认真对待。

晚间洁面后，直接用早上用过的毛巾擦干即可。至于洁面产品，我通常会选以下三项产品中的两种：

- 卸妆油或眼部专用卸妆液
- 洁面油 / 洁面膏
- 洗面奶 / 洁面啫喱

用胶束水时需要注意：在你涂了防晒霜或化了浓妆的情况下，用胶束水卸妆只能算是第一次清洁。卸妆后还是需要你用毛巾多洗、多擦几遍，然后再进行二次清洁。千万别偷懒求省事儿。今天多付出，日后才有好皮肤。

使用维生素 A 护肤品

洁面后，先等皮肤晾干，然后将其涂抹在干燥的皮肤上。静待约 20 分钟，再使用眼部护理产品。如果你是第一次尝试，或者正在使用浓度较高的维生素 A，刚开始的刺激反应可能比较大，所以可以在用后 20—30 分钟，涂上润肤霜或温和的面油做一下缓冲（详见第 38 页）。

| 误区 | 带妆入睡

不！可！以！

不要再说带妆睡觉没什么大不了的。其后果很严重！一般来说，化了妆的姑娘们往往在脸上层层叠叠地涂了：

防晒霜 / 妆前乳 / 粉底 / 散粉 / 遮瑕膏 / 腮红 / 古铜粉（欧美丽人用来增加皮肤古铜色感的）/ 眼影（各色）/ 眼线 / 睫毛膏 / 眉线 / 唇线 / 口红 / 唇蜜

瞧瞧，我们往脸上堆了多少化妆品啊！尤其是防晒霜，为了达到防晒效果，越好的防晒霜越是持久不脱妆。除此之外，外界的灰尘和污染，如果不及时清洁，也会造成色斑、干燥、肤色暗沉等一系列肌肤问题。

所以，睡前要卸妆、洁面！

切忌带妆入睡！

要是你的另一半看不惯你素颜的样子，休了他，别犹豫！😉

如何使用维生素 A 产品

产品外包装上都有说明。不过也有例外，用时谨记以下关键事项。

- 维生素 A 产品（通常指类视黄醇），须用在洁面后，**使用前确保皮肤干燥。**
- 其他护肤品可用在**维生素 A 之后。**
- **不要贪心，少即是多。**在这个问题上，节省用量、节约开支就是在保护我们的皮肤。每次用豌豆粒大小即可。如果产品为油状，只需几滴，千万不要一次用掉一整管。就算包装上说一夜见效、立竿见影，也不要陷入误区。初次用时尤其要注意，"精"方得"晶"。
- **每三晚（就是间隔两晚 ）用一次即可，**皮肤耐受之后方可增加使用次数（若个别品牌有特殊说明，按要求使用）。使用频率可参照如下标准：30 岁 +，一周三次；40 岁 +，一周四次；50 岁 +，每日都用。

我自己用维生素 A 产品很久了。如果晚上打算用非处方维生素 A，我会先洁面，有时会刷酸（如果用的是高浓度维生素 A，就会少用点），喷保湿喷雾，等肌肤干燥后，再涂我的维生素 A。但如果我用的是处方级的维生素 A，则会在洁面后先涂面霜，然后再用维生素 A，也可以在洁面并干燥后先涂维生素 A，停留 20—30 分钟后再涂一层润肤霜或者面油来缓冲它对皮肤的刺激。

维生素 A 产品绝对是我的最爱。它们可以算是最好的抗衰产品，虽然用起来有点麻烦，但效果明显。每个人都该选一款适合自己的。只是，用法要确保正确。

关于维生素 A 产品，详解见第 177—183 页。

* 尽量不要在阴影部位
使用高强度处方级的
维生素 A 产品，否则
有造成刺激的风险。
* 眼周可有针对性地
使用非处方的维生
素 A 眼霜。
* 高强度处方级产品
要尽量避开颈部、
眼部、鼻子和嘴部。

使用眼部护理产品

晚间的眼部护理流程和晨起基本相同。如果早上起床后眼睛浮肿，则可以用质地较为轻薄的眼霜，如眼部精华或者啫喱，避免使用质地厚重的产品。

使用修护型产品，一般为精华或面油

这一步是我个人最喜欢，也是护肤最关键的一步。可以说，**把护肤预算的大头放在这里，绝对是明智之举！**精华旨在为皮肤提供高浓度的特定活性成分，以执行具有针对性的任务，无论是补水、亮白，还是抗氧化保护。

面油可补充我们皮肤的天然油脂，有助于防止皮肤水分流失并锁住水分。它通常是植物性的，其成分来自植物的各个部分——花、叶、根等。由于它们包含一系列有效成分，好处是无穷无尽的。虽然大部分面油主要以其保湿特性而闻名，但有的面油也可以助你抗衰老，有的具有抗菌和抗炎（比如痘痘肌）特性。所有皮肤类型——包括混合性和油性皮肤——都可以从面油中受益，特别是如果你生活在特别干燥的环境中。这么说吧，**每个人都应该将面油放进自己的养生宝盒。**

要根据皮肤的需要，挑选优质的修护型精华或面部护理油搭配用，如视黄醇、透明质酸精华、抗衰老型肽精华素等，至少三种！关于面油，是的，我知道你可以很便宜地买到一些基础款的产品，但在我看来，它们与由医生、美容师和科学家等联手打造的高级产品相比有着天壤之别。

来问我应该选什么产品之前，你要先知道自己的皮肤最需要什么，毕竟最了解你皮肤的人是自己。

至于到底要不要用专用晚霜，尤其是在一定年龄之后，答案是肯定的，同时也是否定的。晚上是将活性物质引入皮肤的最佳时间，使用视黄醇、钛和抗氧化剂等活性成分可以使皮肤得到更好的自我修复。但如果你白天用的面霜里本身含有优质的功效型成分，那就不必用专用晚霜；如果你在用夜间专用面油，也不需要额外用专用晚霜。就我个人而言，我喜欢一视同仁，根据每天不同的肌肤状态使用不同的产品。当然，优质晚霜总是不便宜。

> 有人说：“我晚上只洗脸，什么都不涂，好让皮肤尽情呼吸。”这种想法太疯狂了。皮肤时刻都在呼吸，它如果不呼吸了，那你已经身

处太平间了。

不管用不用护肤品，我们的皮肤都在呼吸。

我的晚间护肤步骤一般是：卸妆—洁面—酸—保湿喷雾—眼霜—面油 / 精华或夜用精华 / 面油 / 面霜（面油后面的步骤可根据护肤品的特性、肌肤状态随机调整）。如果我想添加处方级维生素 A，那就是：卸妆—洁面—（等待一会儿）维生素 A—（等待一会儿）眼霜—精华 / 面油 / 面霜 (取决于肌肤的需要)。

有时候“少”不一定“精”。如常年只用一种洁面或保湿霜，就好比每天只穿一双鞋、戴一套文胸。如果你有多买几双鞋的钱，还不如多买几款护肤品款待自己。要把钱花在刀刃上。

| 误区 | “护肤品需要先用手心温热再涂抹”

包装上要求我们这样做的话另当别论。

好的护肤品，应该都是可以直接用的。放在手心温热，丝毫不会增强其功效，只会把精华留在手心。比如面油，无须搓热，皮肤就可以完全吸收。就算是喜欢它的味道，想尽情地任香氛入鼻，那也只是个人喜好。

我更喜欢将护肤品直接抹在脸上，细嗅其芬芳，细细体会它慢慢浸入皮肤的感觉。

如果看到产品的说明书上要求“用手搓热”后再使用，我一般都不会理睬。当然凡事皆有例外，比如维蕾德（Weleda，德国品牌）的有“沙漠皮救星”之称的全能保湿霜，用手搓热后再涂抹于脸上效果会更好。

第 44—45 页的“美容师之手”介绍了护肤品的正确涂抹方法，能够帮我们真正做到面受益，而非手细嫩。

晚间护肤步骤

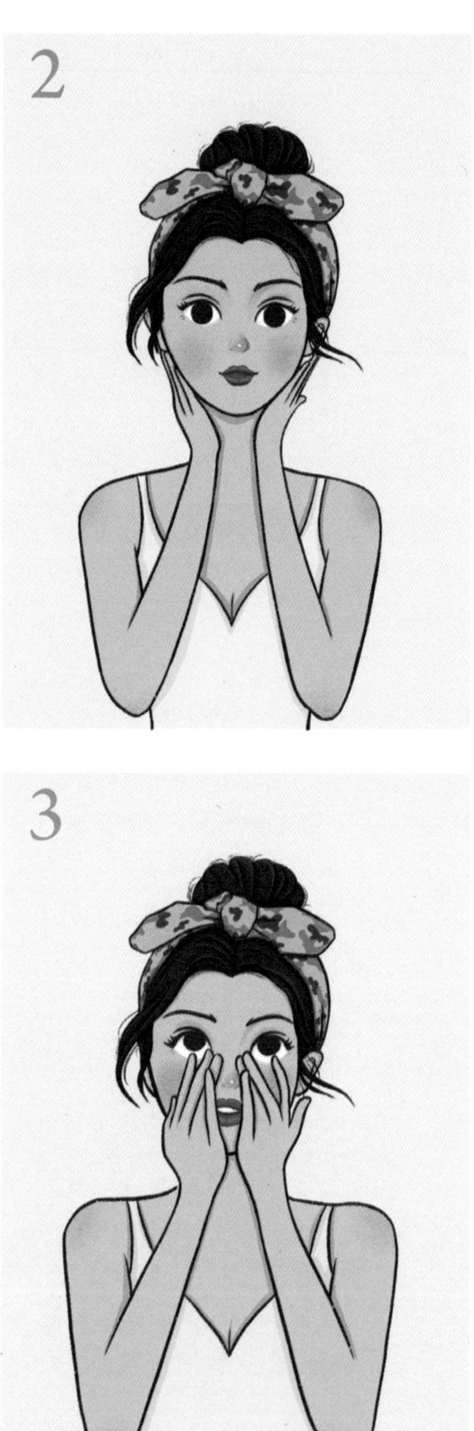

别忘了
用完毛巾之后
要清洗！

1 涂过防晒霜或化了妆，就需要做双重洁面。

眼妆比较浓的话，用指尖将卸妆油涂抹于眼周，然后用指尖轻揉；如果刷了很多睫毛膏，用卸妆棉蘸取眼部专用卸妆液轻柔地擦除。

然后将卸妆油或卸妆膏涂在眼周，慢慢推开至全脸。用温水打湿毛巾，拧去多余的水分，将脸擦干净（不用在洗手池中放水洗脸，这一步不用冲洗）。

再选一款适合你皮肤类型的洗面奶或洁面啫喱涂在皮肤上，轻柔按摩，用被温水打湿的毛巾擦掉，随后用清水冲洗即可。

2 洁面后，待皮肤自然晾干，涂维生素A产品（自己决定是否使用），等待约20分钟，再使用眼霜。

如果不用维生素A产品，洁面后按照早上的护肤流程进行即可。早晚的区别只在于晚间不必用防晒霜。

3 按照早间护肤流程用眼霜。

4 涂上最喜欢的修护精华或面油，然后是面霜。

美容师之手

有种做法我看到过不止一次，就是护肤品不直接涂在脸上，而是先用手心搓热，这其实就是一种无用功，没有专业人士赞成。护肤品都可以直接起效，不需要先用手心温热。涂抹护肤品时可以参考下图所示的手法，我称之为“美容师之手”。

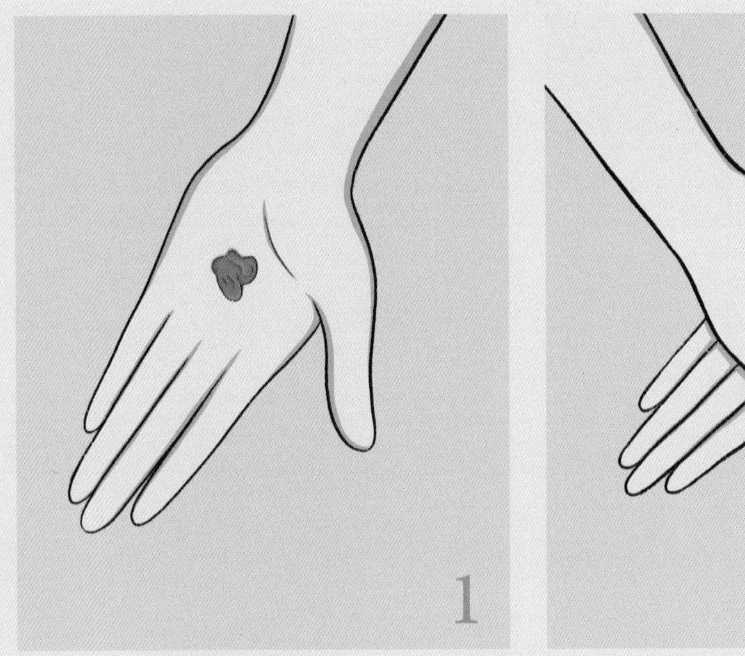

1 取出护肤品，放入手心。

2 掌心对着掌心，两手并拢旋转成 X 形。

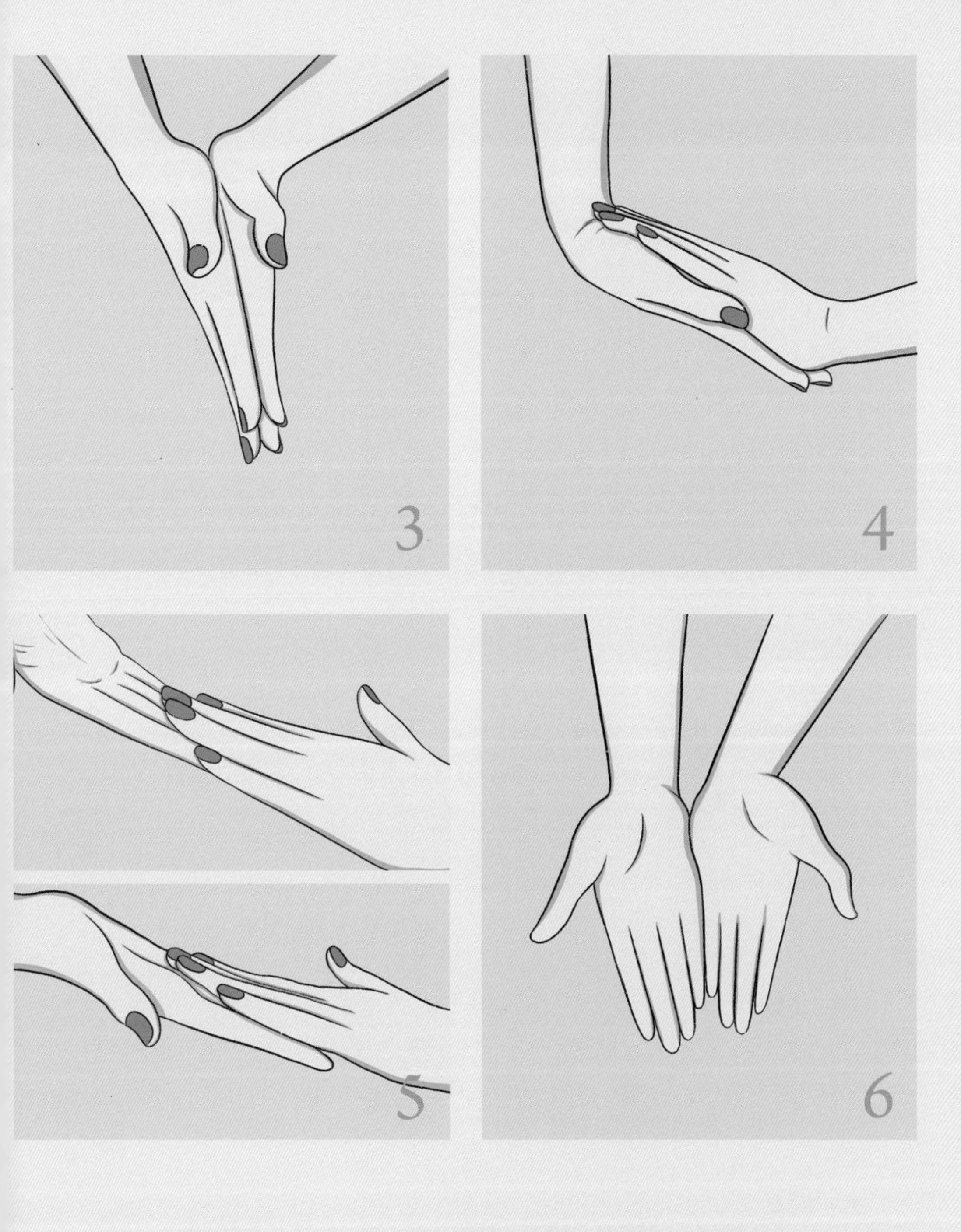

3　双手旋转90度，两只手掌相对，手指朝向相同方向。

4　再将双手旋转180度，双手手指朝向相反方向。

5　平稳地分开双手。

6　至此，护肤品已经均匀地分布在手指和手掌上，直接涂抹即可。

5

如何控制护肤品的用量？

> 以下所介绍的仅为大致用量，没什么硬性指标，毕竟人的脸有大有小，比如我的脸就比较大，用量会相对多一些。
>
> 记住这个基本口诀：服帖、不滑腻，此为最佳标准。

洁面产品的用量

这里不讨论泡沫型产品，理由你知道。

初次洁面 / 卸妆——洁面膏：一颗大葡萄或两颗小葡萄那么多 [见图 1]。

初次洁面 / 卸妆——洁面奶：一满茶匙（约 5 毫升）或两泵的量 [见图 2]。

二次洁面 / 晚间——一平茶匙或一泵的量。

含酸爽肤水的用量

能将一张化妆棉片沾湿三分之二即可，也可以用浸过酸的棉片 [见图 3]。

眼霜的用量

我通常每只眼睛各用一颗“松子仁”大小的量 [见图 4]。如果眼周皮肤干燥或有衰老的迹象就会多用一点。对于年轻的皮肤来说，一颗“松子仁”的量分别用于两眼眼周足够。确保用量能覆盖整个眼周，包括眼睛上方和下方都要均匀抹到。

精华的用量

精华的用量很好控制，因为大多数包装都是压泵瓶，一次一泵，刚刚好。脸大些的姑娘可以用两泵。可以说得更形象些，一泵跟一颗杏仁大小相当 [见图 5]。

我比较讨厌滴管式精华，用起来不好掌控：如果滴管的吸入量过多，剩下的多半会浪费掉，滴管还会将空气带入瓶内。所以，掌握好每次的抽取量就很关键。

图 1：洁面膏

图 2：洁面奶

图 3：刷酸

图 4：眼霜

图 5：精华

图 6：润肤霜、晚霜

图 7：防晒霜

润肤霜和晚霜的用量

保湿霜和晚霜的用量由肤质和脸的大小决定。建议用两颗蓝莓大小的量［见图 6］，“沙漠皮”可以用三颗蓝莓那么大的量。

防晒霜的用量

实际上，一般人日常用防晒霜的量只达到产品实现其功效所要求用量的五分之一。想要达到标准的防晒效果，建议每平方厘米用两毫克［见图 7］。

脸上的防晒霜用量与润肤霜比约需增加一倍。用在身上的：一只手臂一茶匙，一条小腿一茶匙，胸部一茶匙，后背一茶匙，如果穿着暴露的泳衣或者全裸，还需要补涂臀部、大腿等。更多信息见第 67—68 页。

6

干燥、脱水皮肤的护理

现在大家对正确的护肤流程已经有了基本的认识。这个流程看起来似乎没有特殊照顾脱水、干燥的皮肤，实则不然，这几种肌肤状况的护理大方向与日常程序基本相同，但要根据具体情况进行微调。

洁面产品

远离泡沫型洁面产品，如果把它们用在干燥、晒伤、脱水的皮肤上，简直是一种**最高级别的犯罪**，最是要命。我知道**我一直在强调这一点，啰唆得很！但无论如何，禁用！**

坚持使用洁面乳、油、膏或霜，这些产品亲肤，可以让肌肤保持水分。

还要记住，看到“皮肤科医生推荐”或“皮肤科医生批准”等词语，需要格外小心。好医生可不会轻易放下身段给产品做广告，但凡有人做了，一定是因为有利可图。

酸

干燥肌肤意味着更多的角质堆积和脱落，酸一定要跟上，建议用乳酸，这有助于温和去除表皮角质，并促进健康细胞的更新。

喷雾

喷雾十分关键，你可以把它当成最佳拍档。在改善脱水、干燥皮肤的这段时间内，坚持用喷雾，直到觉得皮肤舒服为止。日常护肤的每一步之间都可以用喷雾做分层保湿，这会让皮肤保持水润。这里的喷雾是**特指含有透明质酸的。**含这种成分的产品能有效锁住肌肤水分，把普通水装进喷瓶或喷管可达不到这个效果。

暗示自己——我的皮肤并不干，直到有一天达成这个目标！

精华液 / 面油

先涂一层透明质酸精华液，吸收得差不多之后，喷保湿喷雾，必要时还可以重复多次喷。如果还是觉得干，再涂一层面油。皮肤严重干燥或脱水时，我一般会使用油性精华液或者面部护理油。

在这种皮肤状态下，含硅精华稳定性往往比较差，而且容易让人“感觉没效果”。在用之前，可以先用透明质酸精华调理一个星期左右。判断护肤产品是否含硅（在没有成分表的情况下），最简单的方法就是在手背上滴半滴管，若立即被吸收，则是硅基精华无疑；若精华在手上有残留，且有较好的流动性，则说明其油性成分含量高。

再说说喷雾

说多少次都不为过。**多喷，多喷，多多喷！**

保湿霜

现在可不是用无油护肤品的时候，保湿霜中的油性成分有助于锁住肌肤水分。

可以把皮肤的最外层想象成一块浮在水面的海绵，露在水面上的部分已经风干。应对干燥或脱水问题时，一个常见的错误做法就是在皮肤上直接涂一层厚厚的保湿霜——这就好比在凉吐司上糊一层厚厚的冷黄油。皮肤根本吸收不了它，所以它只能停留在表面，然后像泥一般被搓掉。

正确的做法是：涂完面部护理油或精华液后，再涂抹适量的保湿霜，这样皮肤才会感觉舒服；稍等片刻，重复一遍保湿喷雾，之后再涂一遍保湿霜。因为油分子比普通保湿霜的分子要大，所以从科学角度来讲，护理油应该用在最后一步。但为了化妆方便，也为了有清爽的感觉，我一般会把保湿霜放在面油或精华之后，顺势将面油或精华“锁住”。

如果你不化妆，也可以在一天中重复涂抹轻薄的保湿霜。像往常一样在晚上做好清洁，做好日常护肤，每天重复，直到皮肤感觉越来越滋润。

唇部护理

寒冷、干燥的天气，阳光伤害，经常舔咬，是嘴唇干燥，甚至皲裂的部分原因。嘴唇干燥的时候，要把唇部护理纳入日常护肤流程。要点是动作要轻柔……

唇部护理程序有两个部分：补水和去角质。

清洁嘴唇，用含酸棉片（不是所有的酸都适合）覆盖嘴唇，或只覆盖嘴唇边缘。小心为妙，慢慢来。如果嘴唇已经干裂，用酸则可能会产生刺痛感（此为一句警告，干裂时不要刷酸），然后涂抹面油、保湿霜。根据需要，可全天少量多次地抹油。

此外，多喝水，避免舔、咬嘴唇，也可在卧室中放一台加湿器。

7 运动期间的皮肤管理

经常有运动爱好者问我：锻炼期间该如何护肤？用什么产品呢？护肤品的更新速度极快，我想，最重要的是把一些原则事项搞清楚。

以下是基本“框架”。

跑步锻炼

晨跑

- 冷天晨跑（比如英国的冬天）

出门前，抹一点面油保护皮肤。跑步回来后进行例行程序的护肤。

- 热天晨跑

出门前，涂一层面霜加防晒霜。回家之后进行例行程序的护肤。

下班后跑步

先卸妆，薄涂一层保湿霜（如果太阳还没落下，涂完保湿霜再加一层防晒霜）。回来之后进行晚间例行程序的护肤。

健身房 / 力量训练 / 有氧运动

早间操课

起床后，如果感觉皮肤比较干，可以涂一点保湿霜后直接去健身房。出汗之后，冲个澡，然后进行早间例行护肤。

午间健身

卸妆，薄涂一层保湿霜，然后上课/锻炼、出汗、淋浴。重复早间护肤程序。

下班后健身

卸妆，薄涂一层保湿霜，然后上课/锻炼、出汗、淋浴。再进行晚间例行的护肤流程。如果你有别的安排，比如要出去约会，化妆前像平时那样涂一下保湿霜，回来后卸妆，进行晚间例行程序的护肤。

游泳

无论时间多紧张，都不建议带妆游泳。化妆品中的各种化学成分很容易溶解到水中，进而损伤你的眼睛。

早上游泳

起床后，涂轻薄的保湿霜，游泳、淋浴，最后进行早间护肤。

下班后游泳

卸妆，薄涂一层能起保护作用的产品——我一般会选择面油，轻薄的保湿霜也行，游泳、淋浴，再进行晚间护肤。

骑行

不管是在一天中的什么时间骑车，被大风、阳光蹂躏的脸颊都是重点保护对象。不要化妆，在骑行前涂好润肤霜和防晒霜（白天必须用上），我有时候也会在脸颊上额外抹些面油（偶尔会招来飞虫扑脸），回来洗完澡后进行例行程序的护肤。

高温瑜伽

毫不避讳地说，高温瑜伽对皮肤没有任何好处。

这项运动的目的很单纯——让人出汗，仅此而已。同时，它还有一个与其他

PASSPORT
Kate Somerville
SPF/FPS 50 High Protection Haute protection
UncompliKated
Glossier.
invisible shield
daily sunscreen +
soin solaire quotidien +
UVB + UVA
HIGH PROTECTION
HAUTE PROTECTION
SPF/FPS 30
1 fl oz 30 ml ℮
VICHY
LABORATOIRES
INNOVATION
IDÉAL SOLEIL
SPF 30
EAU DE PROTECTION SOLAIRE
Avec des polyphénols de myrtille
SOLAR PROTECTIVE WATER
with blueberry polyphenols
ANTIOXYDANTE
ANTIOXIDANT
WATERPROOF SUNSCREEN • NON-GREASY
SUNSCREEN
SOLCREME
FACTOR 30
ECOOKING
For face, neck, body & hands
LA ROCHE-POSAY
LABORATOIRE DERMATOLOGIQUE
ANTHELIOS
50+
SHAKA FLUIDE / FLUID
INVISIBLE
ULTRA-RESISTANT
Sans parfum / Non-perfuming

运动截然不同的特点：因为始终处在一个“灼热”的房间里，所以皮肤是无法自主调控体温的。因此这项运动看似健康，实则有导致毛细血管破裂的风险。

但尽管如此，还是有大批忠实拥趸对此趋之若鹜，所以现阶段摆在我们面前的首要问题是，怎样才能在做高温瑜伽时照顾到脸？

最重要的原则：高温瑜伽前不要化妆。永远要记住！

高温瑜伽结束后，尽快喷花水（普通的水不行），再用补水精华液和保湿霜。如果你经常去上高温瑜伽课，可以随身携带喷雾随时喷洒。平时要多多留意是否有脱水迹象，如脸上是否出现了细纹和“蛋糕妆”（卡粉）。

简而言之，运动时你需要做到：

- **先卸妆再运动**。如果有需要的话，可以使用胶束卸妆水，但其实优质的卸妆油效果更好（啰唆无数遍了），不仅脾气温和，也能滋养肌肤，特别是对每天都锻炼或者一周锻炼四五次的朋友来说，卸妆油对皮肤更友好。
- 锻炼之前**薄涂保湿霜**。
- 如果你要去桑拿房或蒸汽房，可在脸上涂点面部护理油，蒸汽和油性成分“般配”得很。**面油要选择植物性的**，不要用矿物油类产品。
- **保护脸颊**。脸颊最容易在运动时因日晒、风吹、空气污染等因素受到损伤，记得用面油、保湿霜、防晒霜来做重点保护。

日常护肤品用什么？怎么用？

我们已经了解了日常护肤的正确程序，有可能你已经在调整坏习惯，或是扔掉擦脸巾，开始悉心照顾皮肤。接下来你是不是迫不及待地想知道日常/特殊情况下到底要用什么护肤品，以及如何用呢？

市场上护肤品不计其数，新产品层出不穷，不断刺激着我们的购物神经，让我们蠢蠢欲动。但是很多产品所承诺的功效，至少要用完一整瓶才能实现，中途一旦将其束之高阁，那么仅有的一点效果也可能会迅速消失。**那么，哪些应该快速“空瓶”？哪些可以混搭着用呢？**

> 一般来说，“中间步骤”的护肤品（精华液和面油）要空瓶，“书挡”产品（洁面、润肤霜）可以混搭。

- **洁面产品**。洁面产品可以多款混用。根据实际情况，如是否化了妆？是否涂了防晒霜？早间清洁还是晚间清洁？干皮还是油皮？当下皮肤状态如何？（请参阅第2章“肤质类型和皮肤状态”）。当然，即使只用一款洁面产品也完全可以。
- **眼霜**。选一款眼霜，坚持用到空瓶，浪费可耻——话虽如此，但眼部通常是最敏感的部位，所以眼部护理产品不是你想“坚持”就能坚持的。一旦发现不适合你，不要犹豫，果断停用。
- **酸**。酸的性质比较稳定，因此，每周用几种不同种类的酸是可以的——记住：是不同种类的，而不是同一种酸的不同款——当问及大多数人时，她们都有2—3个乙醇酸在用，却很少用乳酸或水杨酸。其实，对暗沉、脱水或干燥的皮肤来说，乳酸是首选，也是更安全的入门酸（见第170页）。如果你从没用过酸，可以把它当成一个很好的起点。

- **精华**。绝对要空瓶，尤其是维生素 C、视黄醇精华等。空瓶后，检查皮肤状态，看皮肤是否与该产品投契——肤质有没有明显改善。然后再决定是否继续使用，或是加大还是减少用量。
- **润肤霜 / 保湿霜**。多款保湿霜在手固然好，但不是必需的。我最近一直坚持打开一瓶就用完，空瓶后看肌肤状态再考虑是否更换。虽然我有很多种，有专门对抗皮肤干燥的，有旅行专用的，但仅在特定情况下拿来用。
- **防晒霜**。涂防晒霜，就是最好的护肤。找一款你喜欢的，坚持每天用。防晒产品得尽快空瓶，时间一长容易失效（比如今年打开用到明年）！

『湿巾只适用于偶尔擦拭私密部位、旅途之中和节日庆典时』

8

节日、派对季护肤秘籍

以下是我的博客中点击率最高的文章之一。我把它放在这里，献给那些坚持大雨天睡帐篷，把自己喝到酩酊大醉，假期生活习惯一团糟的姑娘。

节假日，我们的“娱乐之日”，我更喜欢买张日间的机票，走 VIP 通道，选一家有热水淋浴的高档酒店。不过我是我，你是你啦。

如果你已经收拾好行装，随时准备去参加格拉斯顿伯里音乐节（Glastonbury）、雷丁音乐节（Reading）、利兹音乐节（Leeds）、荡路德音乐节（Download）、科切拉音乐节（Coachella），等等，你打算带哪些护肤品？

如果你参加节日庆典时还能保持正常的生活节奏，那么一定要按常规程序护肤。如果连续几天派对、聚会不间断，建议带上湿巾和防晒霜。防晒至少能保证嗨翻天的时候不被晒伤，湿巾能帮你在回到住处后稍微收拾一下“残局”。

湿巾

如果你一直想用湿巾，现在就用吧。但是，湿巾就像茶和 1980 年代的摇滚乐队，良莠不齐，需要谨慎甄选（见第 61 页的“好物推荐”）。

如果是我的话，我倒宁愿用**胶束水 / 眼部专用卸妆液**浸湿棉片擦拭，效果比湿巾要好。

我也喜欢带好用的传统型洗面奶，在淋浴时直接把脸冲洗干净（虽然这有违我淋浴时不洗脸的信条）。

当然，如果真是喝多了，用湿巾足矣。未雨绸缪，出门时可以带上两包：一包放在随身包包里，另一包搁在帐篷或住处，随时拿来用。

酸

参加节日庆典时，我白天一般不会刷酸，因为实在太麻烦了。要坐在阳光下一整天（虽然英国日照不多），还有可能喝断片、忘记涂防晒霜……在这么复杂的情况下还刷什么酸呢？

但是，如果你想用酸来“弥补”湿巾的不足，可以在晚上刷点，次日一定做好防晒。现在的酸性湿敷棉片就很不错。

你还可以提前用酸浸湿棉片，封存在密闭盒里随身携带。以前没有湿敷棉片的时候，我就经常自己动手做。

我还建议你带上“理肤泉舒缓喷雾”(La Roche-Posay Serozinc，俗称“蓝喷”)。官方宣传这款喷雾适合痘肌控油，但实际上它适合所有人。它可以帮助你保持皮肤水润，还有助于清除湿巾擦拭后的残留物和细菌，且有旅行装，方便携带。

精华

参加节日庆典、派对时，精华只推荐一种——透明质酸，这是你的必需品。不管你能否做到随时喝水补水，光是天气（阳光、风、雨）就足以让你的皮肤“瘫痪”。最简单的补水方法就是用透明质酸精华——现在不是置办天价抗衰精华的时候，用透明质酸足矣。

我的第一选择是寻找塑料管装的产品，避免包装烦琐和玻璃容器——别忘了，大部分情况下你入住的帐篷可能着实有点寒酸，共享的淋浴间条件也十分有限。

别忘了喷雾，随身携带，随时喷。

保湿霜

为了省事儿，你可以用有防晒功能的润肤霜。但是为了保险起见，还是尽量单独携带润肤霜（高保湿型），再加上高 SPF 的广谱防晒霜，管装和压泵型的产品显然更安全、更卫生。

防晒霜

涂抹 SPF 不低于 50 的防晒霜。50 以下的产品几乎起不到任何作用，实属鸡肋。早上出门前在脸上和身上涂一层，在户外补涂时可用喷雾式防晒霜。更多防晒信息，参见第 199—205 页。

如何完成护肤流程呢?

假设你参加的活动管控相当严格，早上起床后预留出较宽裕的时间去冲个淋浴，用洁面乳和法兰绒毛巾洁面，确保皮肤尽可能干净。然后，涂抹透明质酸精华和保湿霜，再涂防晒霜。对很多人来说，这将是一天中唯一用水洗脸的机会。

晚上回到帐篷里后，用湿巾多擦几遍脸，然后涂上保湿霜。

当然我们要尽量做到：首先用胶束水或洁面乳（有水的情况下）清洁肌肤，然后涂上精华液，最后用保湿霜。

无论玩得有多嗨，睡前千万要卸妆。如果累得实在站不住，躺床上也要把妆卸干净。之所以要这样说，是因为彩妆会让皮肤丧失水分。特别是睡觉时间，睡得越久，皮肤缺水问题越严重，我们要做很多工作才能改善失水状态。

当然，节日的重点并非无微不至地护肤，只能说尽力而为，尽最大努力不给皮肤埋雷挖坑就算胜利了，等回家再慢慢修护吧。

好物推荐

☆ 倩碧 TTDO 胶束卸妆湿巾，适用于脸部和眼部
(Clinique Take the Day Off Micellar Cleansing Towelettes for Face & Eyes)

☆ 歌洛西 牛奶卸妆凝露
(Glossier Milky Jelly Cleanser)

☆ 理肤泉 舒缓喷雾（蓝喷）
(La Roche-Posay Serozinc)

☆ The Ordinary 天然因子保湿乳 + 透明质酸
(The Ordinary Natural Moisturising Factors + HA)

☆ 理肤泉 特护防晒 SPF50
(La Roche-Posay Anthelios SPF50)

|误区| 名人早上不洗脸

时不时就冒出一种新的护肤趋势，让我们惊愕不已，如“穴居人”养生法，它模仿我们旧石器时代祖先对待皮肤的方式，认为不洗脸、不

EH

用护肤品可以让皮肤好起来。

这种“穴居人”养生潮流得到了一些媒体的报道和支持，一些名人发誓说他们“不经常洗脸，即使洗脸也只用肥皂或清水”，而且一想到在早上要用洗面奶就“惊恐”。

这种只用肥皂和水来洗脸的说法，已经不是什么新鲜事儿了。以前经常有人这么说，当时就是无稽之谈，现在也是一派胡言。

普通女性（比如你、我）不管是身在职场，还是生活中，要做到面面俱到已经够难的了，某某名人还要跳出来说自己从不锻炼、看见什么吃什么，现在又说自己根本不洗脸。难道不洗脸、不护肤就能自带光芒，谁信？

如果这只是他们的恶作剧，那也没什么大不了，但在这个“山顶洞人”恶作剧的背后，隐藏着一个完整的美容整形产业链（我不是对这个产业敌视，而是看不上这种做法），诱惑你把自己辛苦赚来的血汗钱投资到“不用护肤品”的脸上。

停

我始终鼓励大家听从内心的声音，但是千万不要天真地以为那些人不护肤、不做医美就能拥有完美的肌肤。

朋友们，谣言飞得够久了，让它止于智者吧！

洗脸去，就现在！

人在旅途：空中飞人的护肤指南

我经常出远门，在空中飞的时间远远超乎大家的想象。旅途之中，我不爱化妆，只涂护肤品。我的旅途工具包相当小巧，主要装这几样东西：

- **纸巾、湿巾，或者二者皆备**。我常备一小包纸巾，在飞机上也准备面部湿巾，但主要用来擦手。我甚至不记得上次用湿巾擦脸是什么时候了。
- **免洗洗手液**。往脸上涂护肤品之前，需要先洗手，但在飞机上，洗手不一定随时都方便，所以需要备一瓶。
- **护手霜 / 抗菌药膏**。旅途中，尤其是飞行时，往鼻孔里面抹点护手霜或者抗菌药膏（如美国的 NEOSPORIN）是很多人都知道的常识。飞机客舱中的空气是循环用的，这对皮肤和整个身体来说都是“残酷”的考验，空气异常干燥，也充满了细菌，极易导致皮肤缺水，也很容易造成细菌传播。理论上讲，当鼻腔黏液变干时，便无法在病毒和细菌进入体内时将其捕获——这也是我常在飞行后喉咙痛好几天的原因。

  任何护手霜都可以，抗菌药膏是更高级的防护，但因为它的药品属性，还是应谨慎使用。
- 在无印良品的小型、可重复利用的塑料喷雾瓶里装上**透明质酸或甘油喷雾**，随需随喷。这可是我使用频率最高的小玩意儿。
- **眼药水**。眼药水其实可带可不带，但我现在每一次坐飞机都离不开它。它能有效缓解眼睛干涩、发痒，帮助眼睛保持湿润。
- **眼霜**。在旅途中它不是绝对重要的物件，但是我旅行时眼睛容易干涩，更何况我还戴着眼镜。即使是在平日，眼霜与我的距离都不会超过 1 米，更不用说在这干燥、不透气的密闭环境中了，所以我肯定会带。
- **面油**。我的皮肤适合用角鲨烷油，这是一种很好的保湿剂，很容易吸收并防止皮肤水分流失，还具有天然的抗氧化特性——这是我最喜欢的面油之一，可以放心搭配其他产品，在其他活性物质或精华液之后或之前用都可以（取决于产品的作用）。

- **保湿霜**。用什么样的润肤霜取决于肤质类型。旅途中，我喜欢用质地轻盈的乳液，它的质地也方便灌入泵式分装瓶。
- **润唇膏**。嘴唇通常是面部第一个感到“发干”的部位，尤其是在飞机上。我喜欢用滋润与提色功能兼具的润唇膏，如科帕丽（Kopari）的一款含椰子油、乳木果油和角鲨烯的保湿唇彩就相当不错，色泽完美。
- 我旅行时尽量不化妆，但我也不想吓到小孩子，所以解开安全带下飞机前，我会涂点**遮瑕膏或粉底**提提神——给点儿颜色就行。
- 最后，别忘了**喷雾**！

好物推荐

☆ 妮维雅 可生物降解洁面湿巾
(Nivea Biodegradable Cleansing Wipes)

☆ 奥列·亨里克森 真理光芒洁面巾
(Ole Henriksen Truth On The Glow Cleansing Cloths)

☆ 欧姬芙 劳动者之手特效护手霜
(O' Keeffe's Working Hands Hand Cream)

☆ 理肤泉 特安 Ultra8 喷雾爽肤水（敏感肌用）
(La Roche-Posay Toleriane Ultra 8)

☆ 兰诺澳洲 飞行面膜（免洗）
(Lanolips Face Base–The Aussie Flyer)

☆ 科柏丽 椰子油唇彩
(Kopari Coconut Lip Glossy)

9

夏日护肤法则

> 春去夏至，天气变热，难免有妆容变厚的感觉，脸上似乎也突然油腻起来。

天气变热之后，暖气“唱罢”，空调“登场”，这就意味着我们的护肤习惯也需随之做出一些改变。护肤依然需要按步骤进行，但需酌情减量，一些关键的护肤品需换成轻薄款。

夏日护肤的五个调整

收起厚衣服准备换季之时，我们在护肤习惯上也应做出五个改变。

#1 洁面

洗面奶和洁面啫喱质地都很轻薄，即便是天气闷热时也不会让人感觉腻。虽然我现在全年都用洁面膏，但我知道年轻一点儿的混合皮朋友会觉得它的质地过于黏稠。

#2 防晒霜与晒伤

随着白昼时间越来越长，更需注意防晒。如果你喜欢夏天的傍晚在户外待着，那最好能随身带着防晒喷雾或矿物防晒霜，方便随时补涂（虽然这两种都做不到完美防晒，但尽力而为吧）。另外，防晒产品的 SPF 不能低于 30。

“安全”地被晒黑？根本没有这么一说。如果真的被晒伤了，马上停用所有含活性物质的护肤品（如视黄醇和 α- 羟基酸），为皮肤降温，给皮肤做冷水浴和湿敷，保持皮肤处于低温状态。在医生的指导下服用阿司匹林或布洛芬，穿宽松的衣物，都有利于被晒伤的部位尽快复原。

#3 酸与精华

根据个人需求选购透明质酸（保湿）或乙醇酸（去角质）。乙醇酸会让皮肤对日晒更加敏感，但这并不妨碍我推荐它，也不妨碍我自己使用。只要做足防晒，就不会有什么问题。

透明质酸精华，非常适合在炎热的天气里使用，但用的时候需要配合保湿喷雾、轻薄的保湿霜等。实际上，有些透明质酸精华本身就是混合型的保湿霜，所以即使直接单用，感觉也不错。

#4 抗氧化剂

夏天不仅要多吃富含维生素 C 的水果和蔬菜，局部涂抹这种营养素也可以为你的皮肤创造奇迹。它是一种强大的抗氧化剂，有助于抵抗自由基，促进胶原蛋白生成，我推荐全年使用。特别是天气转暖之后，大家在户外的时间更长，接受日晒的时间也会更长，所以我更要额外提醒你，此时尤其应该补充维生素 C。有谁不想拥有透亮的肌肤呢?

#5 保湿霜 / 润肤霜

不含油的保湿产品对于油皮朋友来说，显然一年四季都是首选。对于其他肤质的人来说，不含油的保湿产品也是高温天气里的好选择。环境越潮湿，皮肤的保水能力越强，所以如果你感觉自己擦的保湿霜有点厚重或者油腻，可以先换用轻薄或者无油款，等到天冷了再换回来。

> ### 不要吝惜防晒霜
>
> **户外活动时，每隔 2 小时补涂一次防晒霜。**
>
> 大多数人的防晒霜用量远远不够，导致实际的防晒效果比产品所标注的要低 50%—80%。身体的每个部位都要至少涂一茶匙的量——胳膊、腿（比如本人就需要一汤匙，即三茶匙的量）、前胸、后背、脸都要涂，

还有耳朵和脖子。

- 出门前 15—20 分钟提前涂好防晒霜。
- 每平方厘米 2 毫克。身体各部位的用量大致是：

面部加颈部：共 1 茶匙

胸部：2 茶匙

背部：2 茶匙

手臂：每只手臂 2 茶匙

腿：每条腿 2—3 茶匙，视身高而定

- 你如果个子高或者骨架大，如我：脸大，个子又高，将近 180 厘米，显然要加大用量。我的脸、脖子到锁骨加起来要用一汤匙，身体每个部位都要用一至二汤匙。但没关系，用就对了。
- 每隔 2 小时补涂一次。碰水的话，补涂频率应该更高。

『做好防晒，就是最好的护肤』

10

冬日护肤法则

秋冬时节，室内外频繁的冷热交替会令皮肤异常干燥。

以下几个建议可帮你在冬季保持肌肤水润、弹性与健康。

- **待“肤”如着“衣”**。护肤和穿衣服一样，建议采用洋葱式穿（涂）法。你需要一个护肤专用“衣橱”，这个季节尤其需要。“衣橱”里应该有：洁面、酸、喷雾、精华、油、面霜、防晒霜、润肤膏。具体的用量和使用时间取决于皮肤状态，一般的经验是从“少即是多”开始。如果皮肤吸收得快，可以**再薄涂一层**（请注意：含硅护肤品叠涂效果不好，有时会“搓泥”）。
- **切忌过度洁面**。每年这个时候，要尽量给皮肤补水。如果你是干皮或敏感肌，夏天的强效洁面产品就扔掉吧，电动洁面仪也别用（见第163—165页）！
- **谨防酒精含量高的护肤品**。国际化妆品原料命名清单允许护肤品添加微量酒精。一款爽肤水中含有极少量变性酒精（alcohol denat）[1]无可厚非，但如果酒精作为主要成分排在成分表的前面，则应果断放弃。有一个例外情况是酸，因为酸里的酒精主要起稳定剂的作用，所以不必紧张。
- 如果你喜欢用泡沫型洁面产品，天气转冷之后，尽量**换成温和的洗面奶/膏/油**。
- 在这个季节，用**面油和润肤膏**会让皮肤感觉非常舒服。但如果皮肤特别干燥，厚重的润肤膏可能会搓泥，所以可以涂薄。对于油性皮肤，可以选择针对皮肤特质的专用面油。

---

1 变性酒精在化妆品和护肤产品（如爽肤水）中用作干燥剂。它可以快速干燥、中和油脂，并为皮肤带来光滑、哑光的感觉。虽然变性酒精在化妆品规定的剂量内没有毒性，但一旦超标便会导致过度干燥并破坏皮肤的天然屏障。

- **千万不要**追求任何身体部位的“绝对清洁”，不管是头发还是皮肤。如果洗脸或是洗头之后有这种超级干净的感觉，**快停**！你用的产品很可能已经在破坏皮肤保护屏障了，**要尽快更换**。
- 定期给面部和身体**去角质**。外用的液体去角质产品效果优于磨砂膏。皮肤呈酸性，更容易接受酸性产品，所以每天早晚两次使用含 AHA（α-羟基酸）的爽肤水或湿敷棉片（见术语表），然后在用精华液前喷含有甘油和透明质酸的喷雾水。相信只要这么做一天，第二天你就能感觉到变化。
- 不是人人都能用液体酸。如果你喜欢物理去角质，可以选择**温和、天然的颗粒状磨砂膏**。一般来说，在皮肤上按摩后能够溶解的磨砂产品最安全。
- 服用含**欧米茄**的产品来帮助你内调皮肤。鱼油最好，素食的朋友则可食用亚麻籽油。
- 坚持敷面膜，多用**补水保湿效果好的面膜**，少用泥膜（黏土）。但混合性皮肤可先用泥膜，再敷补水面膜，这样做效果会更好。
- 淋浴的时候，别借太热的水暖身，皮肤受不了。**温热就好**，不能太烫！
- 对于牛皮癣（见第 99 页）和湿疹（见第 96 页）患者，天气转冷后症状可能会加重。要尽可能保证沐浴用品没有刺激性。**禁用烘干机**烘干衣物，同时注意皮肤**保湿**。
- 最后，**不要忘记补充维生素** D。胶囊、喷剂、药片形式都可以。用量谨遵医嘱。

冬日护肤的五个调整

#1 洁面

湿巾和泡沫型洁面剂不能用太多，否则皮肤会很难适应渐冷的气候。改用洗面奶、洁面油、洁面膏，你的皮肤马上就会有不同的感觉。

#2 爽肤水

酸要跟上，不能懈怠。酸是去角质和嫩肤的主力，而且刷酸不妨碍后续使用其他任何护肤品。购买安全、不伤皮肤的酸，“荷包”比较鼓的话，可以多买几种不同类型的酸。

#3 面部护理油

如果你从来没用过这种产品，现在可以安排尝试了。早上涂保湿霜前将两滴护理油抹在皮肤上，便可以呵护皮肤一整天。只要用量控制得当，肌肤便不会觉得油腻。如果觉得太油，就是量太多了。其判断标准是：**服帖，但不滑腻**。

#4 调整护肤时间

晚间护肤时间宝贵，早点回家，下班 / 下课 / 锻炼到家后马上进入护肤程序。彻底洁面、刷酸，涂上精华或面油，之后该做什么就做什么。到睡觉之前，每隔一小时观察一下皮肤的状态，如果感觉还能吸收更多营养，可以再涂一遍精华液或面油，直至饱和。

皮肤在晚间 11:00 前就基本完成了大部分的修复工作，所以不要等到临睡前才开始护肤，给皮肤多留些时间。

#5 升级喷雾，选好精华，充分使用

如果冬天还继续用着如“依云”一样的简单喷雾水，只会使皮肤更干。可以选择含有矿物质、油等成分的喷雾。这类产品能为皮肤形成一层额外的补水层来锁住后续产品，包括精华和面油。

喜欢使用湿巾擦脸的姐妹：如果以上方法大部分都做不到，那至少要用洁面膏洁面，用法兰绒毛巾擦净，刷酸，涂面油。此为最低要求。无论如何，都不能使用湿巾。

『保湿！保湿！保湿！！！』

维生素 D

维生素 D 对我们全身的健康都特别重要。我经常会与感兴趣的朋友讨论各种营养补充剂，尤其是维生素 D，它一直都是我特别痴迷的产品。

过度日晒对人体有害，而且害处很大，但不晒太阳也不利于健康。对于生活在北半球的人来说，多数人大部分时间都在室内，在户外时又会有衣服或防晒霜阻挡阳光，如此一来，缺乏维生素 D 的情况非常普遍。

维生素 D 可以：

- **降低患流感的风险，避免流感引起的并发症。**秋冬流感季，维生素 D 有助于降低感染和炎症的概率。加拿大政府曾将增加维生素 D 的摄入量作为国家预防流感战略的一部分，包括对猪流感的预防。
- **降低患抑郁症的风险。**
- **减轻慢性肌肉疼痛。**身体缺乏维生素后，肌肉会因痉挛而紧绷、收缩，维生素 D 有助于血液中的钙正常化，从而软化、放松并伸展这些肌肉。
- **降低罹患癌症的风险。**缺乏维生素 D 与许多癌症的患病率增加有关。
- **降低 1 型糖尿病的患病风险。**

根据英国国家医疗服务体系的指导方针，秋冬季节，每人（包括孕妇和哺乳期妇女）每天应补充 10 微克维生素 D。

> 肤色较深的人与浅肤色的人相比，所产生的维生素 D 会少些。
> 皮肤老化后，维生素 D 的合成量比年轻皮肤降低了近 75%。

维生素 D 本质上是一种激素，能促进肠道吸收膳食钙，对我们的健康十分重要，但防晒霜会阻碍体内维生素 D 的形成。此外，维生素 D 的降解速度和生成速度几乎一样快，所以又增加了使维生素 D 留在我们体内的难度，所以通过补充剂的方式来摄取它就变得势在必行。

维生素 D 与饮食

富含维生素D的食物包括冷水鱼，如野生鲑鱼、野生鳕鱼、沙丁鱼等，另外还有鱼肝油。如果想通过饮食来补充维生素 D，需要吃大量的食物才能奏效。如果想通过补充剂的形式，可认准维生素 D_3 标签。

CAROLIN
HIRONS
CeraVe

11
饮食与皮肤健康

本节仅为一个粗略的指南，指出哪些食物有可能会影响皮肤的健康。不管我讨论食物还是护肤品，都很少会用“干净”这个词，因为它的反义词是“脏”，但不论是饮食，还是护肤，都应该是愉悦的经历，不应该有任何负罪感。如果你很在乎自己的皮肤，担心自己的饮食选择会影响皮肤状态，那么可以考虑以下建议。

> 炎症是万恶之源。所以，管住嘴，少吃糖，补充益生菌和维生素 D。

关于糖

糖在我们的饮食中无处不在，是我们皮肤的最大天敌。它会破坏皮肤的胶原蛋白——这可是支撑我们脸部的支架啊！如果不加节制地吃糖，皮肤下垂、松弛的速度只会越来越快，所以，我们必须把糖当作“魔鬼本鬼”，把碳酸饮料、苏打水、果汁当作“液态的撒旦”，拒绝糕点、番茄酱，以及各种调味酱、沙拉酱、棕酱和牛排酱，等等。

养成阅读成分表的习惯——果糖、蔗糖、麦芽糖、黄金糖浆、葡萄糖等都是糖，只不过形式不同。戒糖可能是你所做的最艰难的选择，但是你的皮肤和健康需要你少吃糖，这是我们对自己最负责任的选择之一。

白色食品

如果你觉得“吃饭”就是戳破速食包装上的薄膜，或者加热即食，那你吃的不叫饭，只不过是名义上的“食品”而已。过度加工的食物对皮肤健康、身体健康有百害而无一利。

大自然母亲赠予我们如此丰富的食物，过度加工的“白色食物”，能不吃就

Eau de
Rose de Mai
Pure Rosewater
EH
EMMA HARDIE
MORINGA
LIGHT
LEANSING
GEL
ALPHAH
Kate Somerville
Goat Milk
TAN-LUXE
SUPER GLOW
HYALURONIC
SELF-TAN SERUM
Dermatica
qualane
facial oil
indeed
AUTO
CORRECT
SUNDAY
RILEY
JORDAN
SAMUEL
TOLERIANE
ULTRA 8
LA ROCHE-POSAY
100 ml
pixi
+
Caroline Hirons
Double Cleanse

不吃。这不是什么高深莫测的事情，饮食也不是什么“火箭科学”，面包、意面、麦片、糖、蛋糕、谷物，本来都是可以吃的，只是被食品工业“毁掉”了。白色食物并不能称为真正的食物。想想看，要是你给自己的车加一桶“食用油”，那它会以多快的速度抛锚呢?

奶制品

奶牛场的理想是在不到一年的时间内把一头憨态可掬的小牛犊养成至少1500磅（约680千克）的大家伙，多厉害！人类是唯一一种喝其他物种奶的生物——这一点儿都不“自然”，这些奶并不是我们身体所必需的，但是现在的食物几乎都含奶乳成分。奶制品中（其中显然也包括奶酪）含有的激素会对我们的内分泌系统造成影响，比如引发痤疮。如果你日常喝牛奶，吃乳制品，请尽量减少摄入量，尽量选择有机的全脂食品。当然，最好考虑不含乳糖的产品。

油炸食品 / 坏脂肪

拒绝所有含人造黄油、玉米油、葵花籽油、棉籽油、葡萄籽油、反式脂肪、氢化油的食物。相应地，我们也应拒绝包含这些成分的薯片、薯条（炸薯条）、油炸食品等。你可以食用的是橄榄油、菜籽油或澳洲坚果油。

> 如果你是一位妈妈，你不让小宝宝吃的东西，为什么自己要吃?

- 根据自身情况补充相应的营养剂。如果皮肤已经出现问题但还没有补充鱼油，不妨增大剂量试一试。习惯素食的朋友可以用亚麻籽油替代（但根据我的经验，亚麻籽油效果稍弱）。
- 控制酒精摄入量。酒精会造成身体缺水，而且酒精本身就是糖。如果你足够自律，只偶尔喝点儿上乘的红酒是可以的。不然的话，请斟酌，并三思。

※ 补充营养剂的前提是你没有任何禁忌症，并且要得到医生的允许。

12

医美手段干预皮肤

毫无疑问，遵循良好的护肤程序能有效地改善皮肤的质地，但令肌肤容光焕发、晶莹剔透的护肤方法与改变皮肤结构是两码事。不管用多少护肤品，你都无法阻止皮肤衰老的脚步，也不能改变皮肤的结构。如果你想逆转那些衰老的迹象，如两颊凹陷、法令纹、眼睑下垂，可能就要通过打针或整形手段予以干预了。

在此声明，我绝没想建议大家应该怎么样去对皮肤进行额外干预，只是想请大家保持清醒的头脑，对自己的皮肤有合理的预期。

如果媒体不对肉毒杆菌和填充剂的话题大谈特谈，人们对护肤的预期当然也会正常一些。但他们往往张口就来："她们的皮肤当然好啦，毕竟打过肉毒杆菌、做过填充，吧啦吧啦。"这些论调从科学的角度来看根本就不对。每次我和媒体人打交道，他们都会上来就问："你做了什么（整容）项目呢？"一句话就否定了我几十年如一日的护肤好习惯。我的确做过两次填充（见下一页的图片），或许还会再做，也割过双眼皮（因为眼睑下垂开始影响视线，如果你也是这种情况，我也强烈推荐你去做），但我的皮肤好，最重要的是因为我一直在认认真真地护肤。

肉毒杆菌和填充剂改变的是皮肤的内部结构，而不是皮肤的表层。打肉毒杆菌、做填充后脸颊会丰满起来，但对我们这本书里讨论到的痤疮、色素沉着、皮肤泛红、干燥等现象不会有任何改善，而这些，恰恰就是护肤工作的"用武之地"。

话虽如此，有时候护肤流程对了，护肤品也选对了，可是我们皮肤却没有做出应有的回应，这可能是皮肤的问题已经严重到需要医疗干预，或者皮肤只是在经历自然老化的过程。

常见问题

除了痤疮、皮炎等特定问题外，人们还常常因为一些老化迹象就诊，有些人会找面部美容师解决，有些人会找皮肤科医生或其他有资质的医生做侵入性治

做完第一次面部填充（少量）的我。

疗。这些老化迹象包括：

- 皱纹越来越明显。用日常护肤品或有针对性的局部护肤产品亦无改善。
- 更年期前后，皮肤明显松弛。
- 色斑。可能与黄褐斑、炎症后色素沉着或晒伤有关，这是我在线下活动或社交平台上经常被问到的问题。
- 苹果肌随年龄的增长会变薄。脸颊会因此塌陷、不够饱满。
- 皮肤松弛、下垂。这是面部脂肪垫因老化而减少的结果，是衰老的正常迹象。
- 皮肤干燥、暗沉。主要是因为皮肤表层保油和保水的能力弱化，使皮肤显得更“平”、没有生机。换句话说，水可以反射光线，如果油和水不能停留在皮肤表面，皮肤自然会显得暗沉。

- 脸颊周围的骨骼萎缩。眼周和眉毛区域尤为明显，眼眶骨下陷，显老态。
- 毛细血管扩张症。这是皮肤真皮层变薄后皮肤受到冲击所呈现的普遍现象。

“微整形”

我“脸书”的“护肤怪才”小组里，组员们会经常贴出自己微整形前后的对比照。他们想听听其他人对自己面部调整后的看法，这当然没问题，但是说到底，整形不是为了听别人的想法，而是更好地愉悦自己，自己喜欢就好。

如果你真的很想要“更好的效果”，那到什么年龄才需要精华 / 乳霜之外的其他干预措施呢？比如微整形——这主要取决于遗传基因和生活方式。

我们的目标是拥有健康的皮肤，不需要时刻艳惊四座。

> 要知道，变老也是一种并非人人可持有的特权。

如果你对一些具有侵略性的治疗方式或者美容感兴趣，我强烈推荐艾利斯 · 哈特 - 戴维斯（Alice Hart-Davis）的《微调指南》（*Tweakment Guide*）一书。艾利斯在书中对微调的预期效果、注意事项、现有哪些项目、如何制定方案，等等，说得十分详细且全面，可操作性很强。我个人认为，这本书应当列入美容治疗师的必读书目。这本书还有一个配套的网站，可以进行微调相关的检索。

如果你对自己的皮肤状态很满意，那再好不过；如果不够满意，下面的建议可以作为一个大致的指南。在日常护肤效果不理想时，可以作为一个参考。我按照年龄顺序排列，因为“微整”的强度与皮肤的适应能力因年龄而异。

另外，不要小看各种面部护理中使用的传统机器，它们仍然适用于大多数年龄和肤质。法拉第[1]和微电流[2]（其更新版本）、伽伐尼电流美容仪、高频电疗美容术、无创射频嫩肤术——这些疗法催生了很多更为精细的整形项目，例如激光、

1　法拉第可紧实面部肌肉，改善皮肤光泽，并促进细胞再生。

2　微电流面部护理除了有助于预防或改善肌肉下垂、细纹、皱纹等，还可以收紧和缩小毛孔，并改善皮肤的颜色和质地。

肉毒杆菌注射、填充、自体干细胞美容、超声刀和线雕，等等。

20 岁 +：

- 预防优于治疗，坚持用防晒霜。防晒的效果一时可能看不出来，但会为以后的你（如到了 40 岁）节省时间、精力，还有钱，因为那时日晒所带来的损伤会更明显。
- 面部护理可以提升皮肤弹性，温和地改善肌肤不良状态，如光泽度差、新创疤痕和肤色问题等。
- 适度去角质有助于调整混合性皮肤的状态。任何年纪都可以去死皮，20 多岁时的最佳选择是水杨酸和乳酸。
- 如果 20+ 的年纪就有对自身造成困扰的遗传性皱纹，可以考虑注射“婴儿肉毒杆菌（baby botox）”[1]，以防它转为永久性皱纹。医师的选择上，只选声誉好的皮肤科医生或有资质的从业者。千万不要随便被一些不靠谱机构的广告噱头蒙蔽，永远不要！

30 岁 +：

- 早年晒伤引起的色素沉着在 30 岁 + 时会开始显现，可以选择点阵激光和微针。
- 30 岁后，可以加大去角质的强度，用浓度高一些的酸。
- 这个年龄的抬头纹和眼周皱纹会愈发明显，如果是细纹阶段，肉毒杆菌毒素可以将其扼杀在摇篮中，而且毫无痛感（真的不疼）。

40 岁 +：

- 人到 40 岁之后胶原蛋白和面部脂肪开始减少，这种变化不依靠打针是无法改变的，不管护肤品运营商怎么宣传，事实就是如此。适当填充可以改善面部结构，但也仅限于此，它对皮肤表层肤质不会有任何改善，

1　baby botox，也称为“微型肉毒杆菌”，能够增加面部丰盈度，抚平皱纹和细纹。因使用的肉毒杆菌毒素（又称“肉毒杆菌毒素注射液”）比传统注射液用量少，因此面部基本不会出现“僵硬”或“塑料”表情。

这是护肤品的用武之地。

- 在这个年龄段或者以后的年龄段，注射性的保湿护理更有优势。几乎无痛，一年两次，效果显著。
- 如果要对抗色素沉着问题和晚发性痤疮，则需使用更高浓度的去角质酸。

50岁+

- 弹性蛋白和胶原蛋白大量流失，更年期前后尤其明显。以下项目适合此年龄段，效果明显：
  填充、肉毒杆菌、射频、自体干细胞美容（我个人不推荐）、超声刀、埋线，等等。选项有很多，根据自己的预期和预算选择就好！

皮肤科医生

经常有人问我皮肤治疗的建议，比如在什么时候才需要去看皮肤科医生。我认为以下三种情况需考虑就医：

- 出现严重的痤疮。显然要尽量避免严重情形出现，如果脸部或背部同时出现，则需要尽早就医，不要耽搁。
- 出现过敏或皮炎。一般有以下症状：面部发热、发痒、发炎，还可能伴有小脓疱。
- 出现不明原因的皮疹。

各行各业的从业者水平有高有低。同样，仅凭“医生”二字并不能判断医生或产品的水准，护肤品上即使标有某某“医生推荐”，也不代表研发者就是皮肤科专家。截至本书写成之时，基础医学对医科学生在头部和面部的解剖训练甚少（我不怪他们，毕竟他们要学习的东西实在太多了），比如在英国，此项训练只有半天的时间，仅仅半天！

作为潜在的皮肤科患者，前去就医之前先要做好功课，了解给你打针、做激光、做手术的医生是何许人也。搞清楚以下几个问题：

——他是这个领域的专家吗？

——他是在哪里学的医？

——他有没有接受皮肤科的专业培训?

——他接受的是什么水平的培训?

——他是不是登记在册的注册整形医师?

这些信息都应该在他们所属的医疗机构的网站上有显示。好的培训背景就是他们的竞争力，自然会被拿来做展示。

想要确定医生的背景，除了信得过的朋友的个人推荐，也可以在（英国）医学委员会（General Medical Council）的网站上点击“搜索注册”，输入医生的名字和性别就能查看注册信息。理想情况下，你会看到“此医生为专科医生”的确认语句，还能在“专科医生登记日期”一栏查到医生的专长。在其他国家和美国各州也都有类似的登记信息，也可能会有“已注册成为全科医生，有皮肤科专长”的记录。当然，有一些很优秀的在皮肤领域工作的医生，出于一些原因并未接受过完整的皮肤医学培训，但确实精通皮肤科业务，因此就要靠朋友推荐、个人声誉和患者信任度来找到他们了。

总之，要尽量做好求证工作。

医生与皮肤

一个人只要完成在医学院的学习，就可以自称为“医生”（就好比读完博士学位就可以称自己是“博士”一样），但是想要获得皮肤科的专业证书，还需要经过6—8年的学习培训，因为与皮肤相关的疾病高达3000多种，这些都不在基础医学范畴之内。所以，我在看皮肤疾病时就会挑选那些持证、有资质的医生帮我解决实际问题。

美容师

值得庆幸的是，很多情况都不需要找医生做医疗干预，而可以让美容师们发挥一下自己的专长。

和医生一样，美容师和美容师之间的差别也很大。在英国，所有的资格证书都由考试监管机构代表教育部管理。英国最基础的培训级别是ITEC[1]/ CIBTAC[2] 二级，截至本书出版时，其要求的基础培训时长为390小时，其中有300小时是在导师的指导下进行，而要想成为一名完全合格的美容治疗师，总培训时长要高达990小时，之后还需其他专业培训，包括激光、IPL（强脉冲光，也就是“光子嫩肤”）、先进的射频、微针/针刺等技术。

目前英国还没有要求美容师进行国家级的注册，这一行业仍然处于业内自管的状态。英国美容及化妆品协会为有资格和得到认证的从业者提供保险并将其收入名录，各个行政区要求治疗师从业之前首先完成个人注册即可。

> 大多数信誉良好的诊所/治疗室都会在接待处展示其执照和保险凭证。

美国的情况有所不同，各州对学习时间的要求差别很大。举例来说，佛罗里达州只要求250小时的培训时长，而华盛顿对获得美容师执照的基础要求为750小时，获评高级美容师认证还需再加450小时。有些州允许学员在专业医生的指导下做注射治疗，但还有些州甚至不允许学员手持柳叶刀为患者祛除粟丘疹，这是极其简单的一种小整形术，比如加利福尼亚。州与州之间的差异是一个雷区。

做美容或医美整形之前一定要认真了解所在国家的资质认证情况，下足功夫做好调研。可以寻求他人帮助，不要害怕问问题。毕竟这是我们自己的脸！

我最喜欢的美容师

☆ 迪娅·阿约德尔（Dija Ayodele，英国）
☆ 阿比盖尔·詹姆斯（Abigail James，英国）
☆ 安迪·米尔沃德（Andy Millward，英国）

1 ITEC是一个国际考试委员会，在全球范围内提供一系列资格证书。

2 CIBTAC是国际美容考试机构之一，成立于1977年，是英国美容治疗及美容师协会的考试及证书颁发机构，是英国最具规模的专业美容组织，具有评审国际专业美容师的资格。

☆ 帕梅·马歇尔（Pamela Marshall，英国）
☆ 珍妮弗·罗克（Jennifer Rock，爱尔兰）
☆ 奥尔佳·科切列夫斯卡（Olga Kochlewska，爱尔兰）
☆ 特蕾莎·塔米（Teresa Tarmey，美国 / 英国）
☆ 奈丽达·乔伊（Nerida Joy，美国）
☆ 坎迪斯·米尔（Candice Miele，美国）
☆ 勒妮·鲁洛（Renée Rouleau，美国）
☆ 乔丹·塞缪尔（Jordan Samuel，美国）
☆ 凯特·萨默维尔（Kate Somerville，美国）
☆ 乔安娜·瓦尔加斯（Joanna Vargas，美国）

面部美容做哪些?

当今美容行业火爆，各种水疗中心也风靡世界。在英国女性一生中，生日将至、圣诞节 / 其他节日庆典、婚礼之前一定要美美容。

有时明明花了大价钱，却难以达到预期的效果，想来是希望越大，失望越大。美容项目种类很多，但大部分都离不开以下步骤：

洁面

去角质（有时会蒸脸）

去黑头或白头

按摩

敷面膜

使用护肤产品

面部美容项目大致可分为

保养型：按摩，去黑头 / 白头，蒸汽（可能会上器械）。

护理型：较长时间的按摩，蒸汽，敷面膜，精华液。

清洁型：按摩，敷泥膜，蒸汽，通常还会去死皮。

抗衰型：飞梭镭射激光、点阵激光及其他各种激光，光疗，伽伐尼电流、Caci 微电流，微针精华 / 按摩。

治疗痤疮肌：深层洁面，去角质，去黑头 / 白头，敷面膜，高频电疗。

婚礼美容项目

恐怕没人希望在人生最重要的日子里顶着色斑或者泛红的皮肤走上红毯。想要在婚礼上光彩照人，你的肌肤可能需要以下程序：

- 婚礼前 4—6 个月开始做准备，越早越好。
- 每隔 6 周做一次面部保养，婚礼前再做一次深层美容。
- 在婚礼前的最后一次面部美容中，避免有创的机械护理，不做污垢吸出，不要冒险尝试任何新项目，也不要“临阵磨枪”地去死皮！

如果婚礼的礼服为露背或低胸款，就很容易露出后背和前胸上的斑点，顺便告诉你的美容师，他会帮你一并解决。

为节日而做的美容项目

如果你只想在某个特定场合容光焕发一次，只需一次深度美容。

- 较长时间的按摩，敷面膜、精华液、润肤霜等，能瞬间提升你的肌肤弹性——效果可维持 48 小时左右。
- 不要去黑头 / 白头，上蒸汽的时间不要过长，以免皮肤泛红脱水。
- 痘痘先不必治理，现在不是治痘的时候。

Chapter 2

肤质类型与皮肤状态

1 肤质“类型”与皮肤“状态”有区别

> 美丽的独门秘诀只有一条：让你的皮肤保持良好的工作状态。
>
> ——赫莲娜·鲁宾斯坦（Helena Rubinstein）[1]，1930 年

首先我要澄清一点，**皮肤类型与皮肤状态是两码事**。虽然这两个术语经常互换，但它们的含义完全不同，运作机理也相去甚远。

肤质类型基本是天生的，是父母给的，由基因决定的。

大多数品牌是依据肤质类型售卖产品，事实上比较精准的做法是根据皮肤的状态来对应产品，而皮肤状态一般是由肤质类型的外在表现与个人的生活习惯所决定。

肤质类型

时间倒退回 100 年前，赫莲娜·鲁宾斯坦定义了三种肤质类型。她一定不会想到，这样的划分会给护肤品行业带来如此巨大的影响。鲁宾斯坦根据皮肤腺体分泌量，将皮肤划分为正常、过湿（油性）、干性三种。

鲁宾斯坦分类的核心思想与现在的“基因决定肤质”一说有异曲同工之妙。当今的护肤行业一般将肤质分为四类：

干性皮肤

皮脂是皮肤分泌出来的油性物质，有助于皮肤锁水保湿。干性皮肤的皮脂分泌量低于正常水平，皮肤缺乏保持水分和抵御外部影响所需的脂质（保湿因子），

---

1 赫莲娜·鲁宾斯坦，波兰裔美国女商人、慈善家、艺术收藏家，同名化妆品品牌创始人，曾言：“世界上没有丑女人，只有懒女人。”

如甘油三酯、蜡酯和角鲨烷（见术语表），皮肤屏障就容易受损，会出现紧绷、暗淡无光等外在表现。

油性皮肤

油性皮肤的皮脂分泌旺盛，面部易泛油光，毛孔粗大，可能伴有痤疮或脂溢性皮炎等。

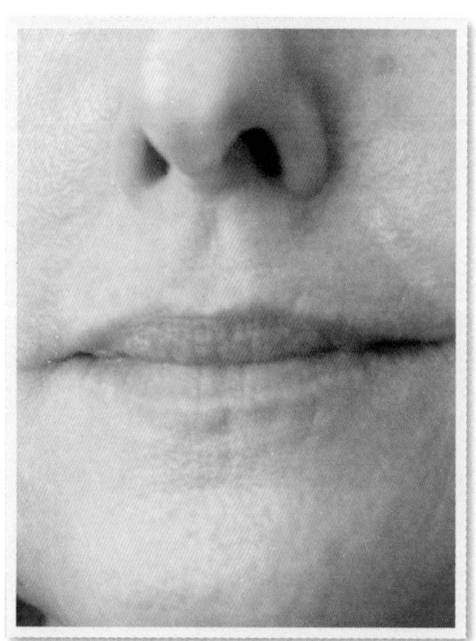

干性皮肤

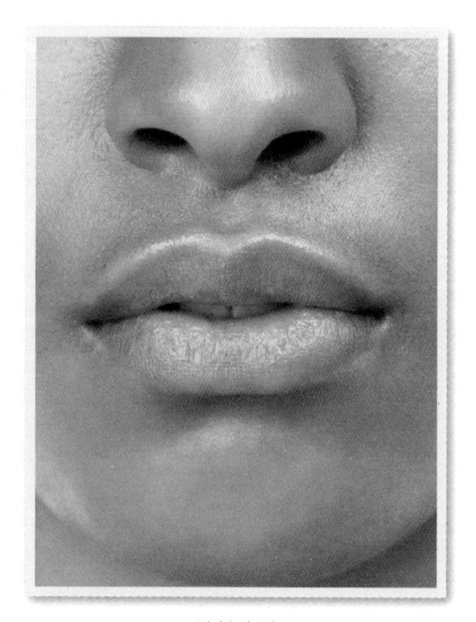

油性皮肤

中性皮肤

水油均衡，毛孔细小，肤质细腻。

混合性皮肤

通常情况下，混合性皮肤 T 区（额头和鼻子）易出油而两颊偏干，兼具油性与干性肤质的双重特点。

注意：手臂、腿部皮脂腺较少，容易干燥，所以面部为油性、身体为干性是正常情况。

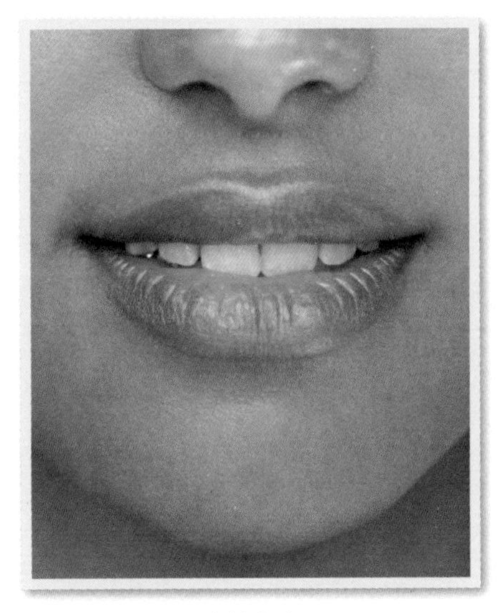

中性皮肤

混合性皮肤

在选购护肤品前，判定自己的肤质类型才有可能选到称心如意的产品。举个例子，干性皮肤与面部护理油比较搭，但同样的面油用在油皮脸上就会感觉太油腻、太厚重。

毛孔

我的粉丝和客户都特别在意自己的毛孔，经常抱怨自己毛孔粗大，常为此焦躁、烦恼，可是不管是看见你本人还是看照片，我真是一点都感觉不到！

相信我，只有你的眼科医生、美容师，还有你的伴侣会趴在你脸上看，而眼科医生是在看你的眼睛，不是你的毛孔！如果你的伴侣吹毛求疵，那说明他要么不甚喜欢你，要么有了小心思，是时候考虑换伴侣了！

敏感肌

敏感肌既不是“肤质类型”，也不是“皮肤状态”，而是介于两者间的概念，其成因与遗传、生活习惯都有关。在选购护肤品时，一定要把皮肤的敏感性放在首位。

敏感肌现在越来越普遍，而女性比男性更容易养成敏感肌，为什么呢？一是因为男性的表皮厚（皮糙肉厚），能更好地抵挡过敏原，阻隔外界刺激；二是因为女性有过度使用护肤品的习惯，嗯，女人比男同胞更乐于尝试各式护肤品，天性使然——这是最重要的一个原因。

干燥容易让皮肤失去屏障功能（皮肤的保护层受损），时间长了就会自动转为敏感肌。一旦皮肤对某种护肤品过敏，然后导致皮炎（皮肤发炎），那么皮肤可能在一段时间内都很敏感，这时就需进行相应的治疗。

好物推荐

☆ 珂润 (Curel)，专为各种敏感肌设计

☆ 德美乐嘉 超舒缓洁面乳
(Dermalogica Ultra Calming Cleanser)

☆ 乔丹·塞缪尔 秀后护理洁面乳，敏感肌专用
(Jordan Samuel Skin The Aftershow Treatment Cleanser For Sensitive Skin)

☆ 雅漾 皮肤修护霜（此款产品已停产）
(Avène Skin Recovery Cream)

☆ 山迪·莱利 朱诺面部护理油
(Sunday Riley Juno Face Oil)

☆ 德丽凯婷 修护霜
(Delikate Recovery Cream)

☆ 娇韵诗 美容修复精华（针对敏感肌的紧急 SOS 修护）
(Clarins Skin Beauty Repair Concentrate, SOS Treatment)

☆ 芢 夜间修护膏
(REN Everclam Overnight Recovery Balm)

☆ Zelens 强效维生素 D 浓缩护理精华油
(Zelens Power D Treatment Drops)
☆ 倩碧 超凡城市防晒隔离霜 SPF40
(Clinique Super City Block SPF40)
☆ Pai 你好，阳光：敏感肌防晒霜 SPF30
(Pai Hello Sunshine: Sensitive Sunscreen SPF30)

皮肤状态

> 皮肤“状态”指的是由生活习惯导致的肌肤的短期状态，或由其他原因所引起的长期状态，如遗传性疾病或其他疾病。

“衰老迹象”是一个包罗万象的术语。全天下的品牌都号称自己的产品能对抗老化，改善细纹、肤色不均、“微笑纹”、缺乏弹性等问题，原因自不必多说。

痤疮的主要判断标准是有没有脓疱（充满脓液的疱，看起来要“爆开”）、黑/白头、结节、囊肿。痤疮在触摸时有疼痛感，可能分布于脸、背、前胸等部位。我个人觉得痤疮是最让人“精神衰弱”的皮肤状态，以前多发于青少年，但是现在，它在 40 岁以上的女性中也很常见——成因目前还不清楚，护肤品牌和科研机构仍在苦苦探索。它的鉴别和治疗请参阅第 110—118 页。

脱水是很常见的皮肤状态，也是皮肤水分流失的一大指征，修复皮肤的屏障功能可预防经皮水分流失 (TEWL)[1] 的现象。适量使用含脂肪酸、胆固醇和神经酰胺（最好是三种成分兼有）的精华或保湿霜有助于皮肤屏障功能的恢复。脱水皮肤的特点是肤色晦暗，涂保湿产品时吸收很快，上完粉底后不服帖，妆面粗糙。

下面将要介绍的症状，如果在你身上出现，请找医生或专家诊治。另外，我也会推荐一些可用的护肤品，帮助大家缓解症状。

湿疹，有人一出生就有。长湿疹的部位会发痒、发炎，出现痂皮，有时会有触痛感，或肿胀。特应性湿疹（特应性皮炎）与花粉热（过敏性鼻炎）、哮喘和

1　当皮肤的保护屏障被损坏或削弱时，就会导致皮肤水分的流失，即过多水分从皮肤蒸发到大气中，皮肤会变得干燥、脱水，甚至发炎。

食物过敏等疾病间的关联是双重的，患湿疹的人更有可能患花粉热和哮喘。如果父母一方或双方都患有湿疹、哮喘或季节性过敏，那他们的孩子更有可能患湿疹。如患了湿疹，我推荐你用以下品牌或产品。

好物推荐

☆ 维蕾德 全能保湿霜（Weleda Skin Food）
☆ 优色林（Eucerin）
☆ 迪普贝斯（Diprobase）
☆ 雅漾（Avène）

鱼鳞病患者的皮肤会持续剥落（堆积的皮肤细胞形成皮屑）。它可以发生在人体的任何部位，症状为皮肤皲裂、极度干燥。鱼鳞病不止一种，最常见的是遗传性寻常型鱼鳞病，这类患者的丝聚合蛋白（存在于皮肤中的蛋白质）有基因缺陷，这会损害健康皮肤屏障和天然保湿因子（NMF）的形成——要知道，天然保湿因子

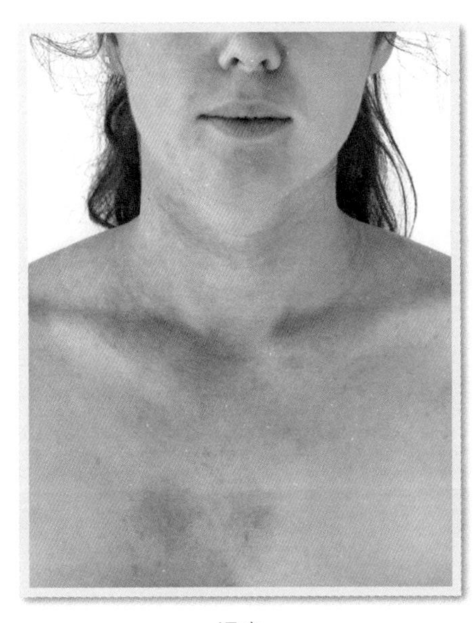

湿疹

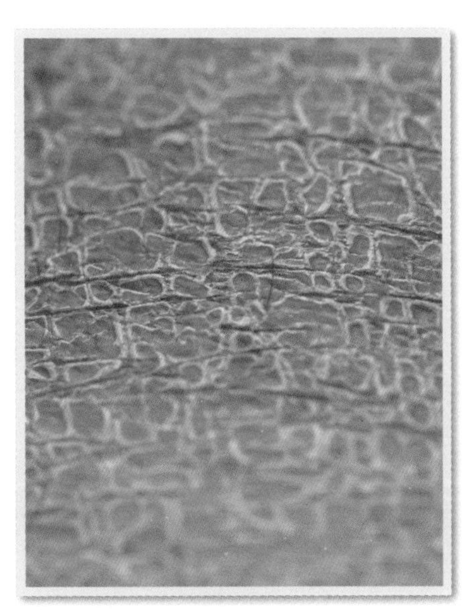

鱼鳞病

可是肌肤保持水分的关键。当天气寒冷干燥时，症状通常更严重，而在温暖、潮湿的条件下会有所改善。鱼鳞病有时与特应性或儿童过敏性湿疹有关，并可能导致手掌和脚底的皱纹增加。鱼鳞病患者需咨询皮肤科医生进行确诊及治疗。

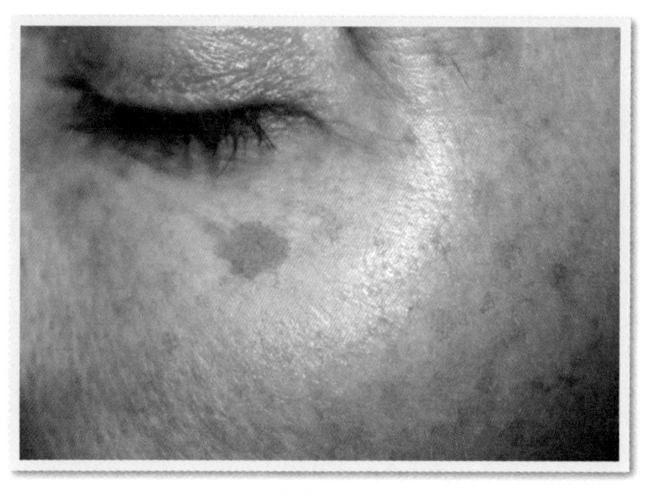

色素沉着

黄褐斑是出现在前额、脸颊、上唇、鼻子和下巴上的棕褐色或棕色斑块。虽然长着黄褐斑的人经常被调侃为有一张“怀孕脸”，但事实上男性脸上也不少见。年龄、日晒、荷尔蒙变化或皮肤的物理损伤都可能导致黄褐斑。由体内激素变化导致的黄褐斑可能会在怀孕后消失，但如果还有，则可以涂抹处方类药膏和一些非处方护肤品。此外，针对色素沉着的激光治疗见效较快——但在治疗之前，请先咨询你的皮肤科医生。如果有黄褐斑，要始终使用高倍防晒霜，因为阳光会让斑的颜色加重。另外，把钱投到针对性强的精华上。

好物推荐

☆ 修丽可 高效净白抗斑精华
(SkinCeuticals Advanced Pigment Corrector)

☆ The Ordinary 2%α 熊果苷玻尿酸原液 + 透明质酸
(The Ordinary Alpha Arbutin 2% + HA)
或 The Ordinary 10% 烟酰胺精华原液 +1% 锌
(The Ordinary Niacinamide 10% + Zinc 1%)
☆ 泽伦斯 Z 亮肤美白精华
(Zelens Z Luminous Brightening Serum)

毛周角化病与湿疹、鱼鳞病属于同一类疾病，病症通常发生在手臂外侧、大腿前侧、臀部、脸颊部位。发病处皮肤隆起，形如鸡皮疙瘩。毛周角化病的英文名是“keratosis pilaris”，其中“pilaris”来自拉丁语，意为“头发”，“keratosis”的意思是“角蛋白过多”，“keratosis pilaris”结合在一起则是说“毛囊里堆积了过多无害的角蛋白”。

毛周角化病常见于年轻人，而且在青春期前后会变得更糟，婴儿和青少年特别容易患上这种疾病，通常情况下并不需要药物治疗，因为它在 30 岁前会自动消失，但免不了给患者带来不小的心理负担。为了减少凹凸并改善皮肤质地，皮肤科医生会建议在沐浴后用毛巾轻柔地擦拭皮肤以去除角质（死皮细胞），然后涂抹含凡士林或甘油等成分的保湿霜，这些成分可舒缓干燥的皮肤并帮助锁住水分。质地浓稠的保湿剂效果最好，如优色林和丝塔芙。每天数次将其涂抹在受影响的皮肤上。涂抹润肤霜之前也可先涂抹含有尿素、乳酸、α- 羟基酸或水杨酸等成分的非处方药膏，它们都有助于松弛和去除死皮细胞，还可以滋润和软化干燥的皮肤。我的粉丝告诉我，她每天会用酸浸湿化妆棉，敷完脸后再敷患处，然后涂抹保湿霜，这样既不浪费，也可去角质，一举两得。

如果保湿和其他自我护理措施都无济于事，而你又急于改善的话，医生可能会开出处方酸，如维甲酸（维 A 酸）和他扎罗汀。另外，激光疗法可用于改善红肿和发炎的毛周角化病。

银屑病，俗称牛皮癣，是一种炎症性皮肤病，属于自身免疫性疾病的范畴。银屑病有多种类型，最常见的斑块状银屑病表现为皮肤干燥、发红、瘙痒和脱屑，主要分布在肘部、膝盖、下背部和头部。正常的皮肤细胞需要 3—4 周的运转才能到达表皮层（脱落），而银屑病患者仅需要 3—7 天，皮肤细胞不是脱落，而是堆积在皮肤表面，这导致细胞相互叠加在一起，从外观呈现出鳞片状的斑块。典型的银屑

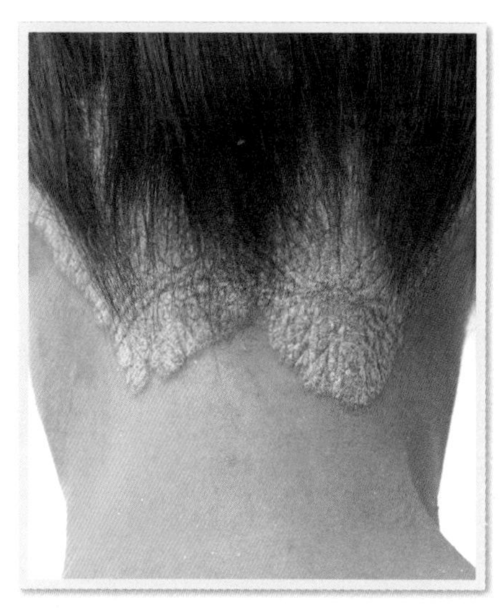

银屑病

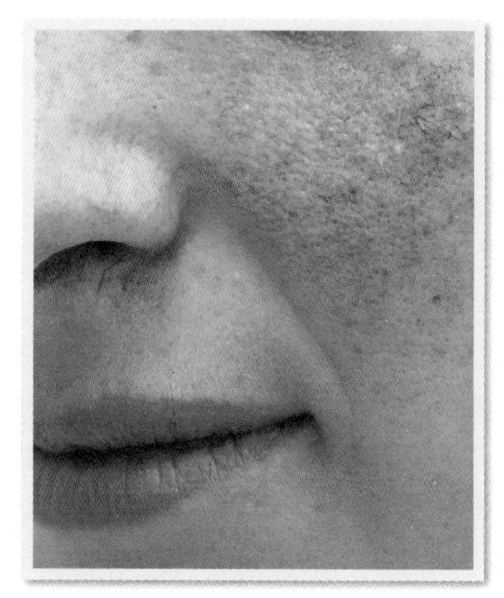

酒渣鼻

病病变部位呈白色、银色。这是一种常见的长期（慢性）疾病，无法治愈。几乎没有针对银屑病的非处方产品。你可以结合生活习惯和处方药物来更好地应对它。

酒渣鼻是一种公认的自身炎症性皮肤病，程度有轻有重，症状多样，会导致脸红（潮红）或可见的血管（蜘蛛静脉），也可能产生小的、充满脓液的肿块。这些体征和症状会持续数周到数月不等，然后会消失一段时间。酒渣鼻常见于皮肤白皙的中年女性，经常会被误认为是痤疮、其他皮肤问题或自然红润。严重时，可能会出现肿胀、灼烧感和刺痛感。酒渣鼻多为偶发，严重时会大量爆发，伴有对日晒过敏的症状。饮酒、温度过高或过低、压力过大、运动、食用辛辣食物，甚至一些化妆品、头发护理产品都可能引起。

酒渣鼻的治疗方法因人而异，但归根结底都在于消炎。可以配合使用壬二酸等抗炎性药物和矿物防晒霜。相对于化学防晒，酒渣鼻患者的皮肤对矿物防晒霜有更好的耐受性。

酒渣鼻发现得越早越好控制。如果长期患有酒渣鼻，应该接受临床治疗。

医学上，酒渣鼻分为四种亚型（患者可能同时患有多种）：

亚型 1：毛细血管扩张型酒渣鼻。患者可出现红晕、肿胀和毛细血管扩张。

除了处方药物治疗，有的非处方产品可缓解亚型 1 的症状（见后文“好物推荐”）。

亚型 2：丘疹脓疱型酒渣鼻。这是最典型的“酒渣鼻”，有时会被误诊为痤疮，表现为面部中央持续发红，偶有丘疹、脓疱。

亚型 3：肿块型酒渣鼻。常见于老年男性，主要位于鼻部，也可出现在下巴和脸颊。患处皮肤厚实不平、表面粗糙。可以通过激光、涂抹异维 A 酸治疗，极端严重时需要手术。

亚型 4：眼部酒渣鼻。有的人眼部出现酒渣鼻多年，却往往得不到确诊，表现为眼睛流泪发红，伴有灼痛、发痒，同时常见眼睑炎和结膜炎。

微血管破裂也是酒渣鼻的一种表现。是由脸颊、鼻子、前额或下巴上的小血管扩张、失去弹性而引起，这通常会导致永久性的发红，并伴有发热、灼烧感或刺痛感，温度升高时会使症状加剧。

好物推荐

☆ 宝拉珍选 10% 壬二酸强效乳
(Paula's Choice Azelaic Acid Booster)[1]

☆ The Ordinary 10% 壬二酸悬浊霜
(The Ordinary Azelaic Acid Suspension 10%)

毛细血管扩张症通常被称为毛细血管破裂，若你的父母有病史，则你可能较易得病。毛细血管扩张症十分常见，肤色较浅的人更容易患病，这也是酒渣鼻患者常见的皮肤状态。

白癜风是一种皮肤颜色出现斑块脱落的慢性疾病。人在一生中的各个阶段都有可能患上白癜风，成年之前患病的更多。白癜风患者与正常人的黑色素细胞（决定肤色的细胞）数量相同，但当患者的黑色素细胞不活跃，如死亡或停止工作时，就会发生白癜风。白癜风男女患病概率相同，但在有色人种中更为明显。白癜风属于自身免疫性疾病，因为身体的免疫系统出现排斥自身细胞（黑色素细胞）

1 Booster，在英文中有“促进剂”的意思。护肤品中，Booster 与 Serum（精华）是近亲，都含有较多的活性成分，但相比较而言，“Booster”产品的活性成分更集中，起效更快些。这并不是说 Booster 产品可以替代精华，如果需要，二者可同时使用或单独使用。

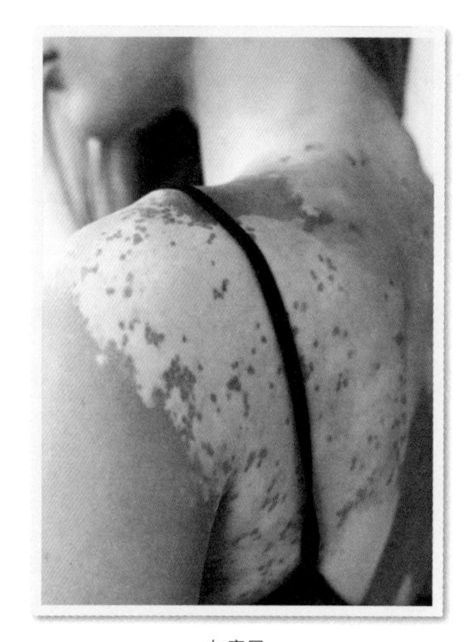

白癜风

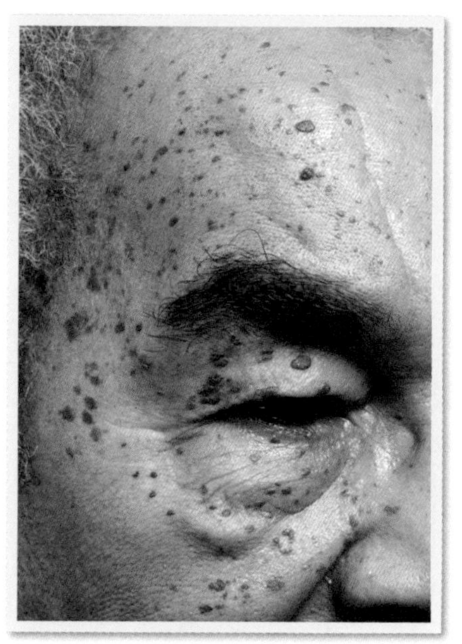

黑色丘疹性皮肤病

的抗体所导致。

白癜风目前还没有特效药来医治，但尽早介入治疗可能会阻止或减缓变色过程，并使皮肤恢复一些颜色。所以，一旦发现需尽快就医。

另外，肤色较深的人还容易出现以下两种皮肤状态：

毛发内生，又叫“假性毛囊炎”（发生在胡须部位则是“须部假性毛囊炎”）、“剃刀疙瘩”或“剃刀肿块”。毛发内生的成因是毛发在靠近，甚至低于表皮的位置被刮掉后，头发就容易卷回到毛囊周围的内部区域生长。另外，当皮肤表面有太多死皮细胞时，这些细胞会堵塞毛囊，从而导致毛发内生。

黑色丘疹性皮肤病对黑色皮肤的影响要高于其他肤色的人，表现为小型的良性皮肤病变，可以在皮肤上聚集并形成较大的斑块。黑色丘疹性皮肤病与遗传有关，对人体无害。如果患者想要切除，我建议尽可能全面地了解各种医疗方案，找到充分了解皮肤已知副作用（如疤痕、色素沉着、瘢痕疙瘩）的医生后再考虑治疗，可通过刮除、冷冻、激光等方式来实现。

好物推荐

☆ 适乐肤 保湿洁面乳
(CeraVe Hydrating Cleanser)

☆ 伊丽莎白·雅顿 高级神经酰胺青春焕活修护精华（雅顿金胶）
(Elizabeth Arden Advanced Ceramide Capsules Daily Youth Restoring Serum)

☆ Pixi 玫瑰神经酰胺乳霜
(Pixi Rose Ceramide Cream)

☆ 宝拉珍选 神经酰胺紧致保湿霜
(Paula's Choice Clinical Ceramide-Enriched Firming Moisturiser)

☆ 生态料理 防晒霜 SPF30
(Ecooking Suncreen SPF30)

2

你的皮肤是干性的、脱水的，还是兼而有之？

干性皮肤和脱水皮肤的潜在成因不同，但有非常相似的特征，这些相似性模糊了肤质类型和皮肤状态之间的界限。

干性皮肤

干性皮肤是一种肤质类型，也可能是暂时的皮肤状态，其成因是皮肤中缺乏油脂。干性皮肤具有以下主要特点：

- 毛孔细小
- 皮肤紧绷
- 易有皮屑
- 可能会有脂肪粒、黑头、色斑
- 肤色暗沉
- 皮肤缺乏丰盈感
- 护肤品吸收慢
- 皮肤容易受刺激，也容易对产品过敏
- 护肤不当会导致皮肤状态恶化

脱水皮肤

无论是干性、油性还是其他任何肤质，都有可能出现脱水状况，它是由皮肤缺水引起的（不是因为喝水少了！）。脱水皮肤有如下特点：

- 毛孔大小不一
- 皮肤紧绷、干燥，但油皮仍有光泽，会长痘（似乎矛盾，令人困惑）
- 保湿产品的吸收速度非常快

- 黑头、色斑仍可见
- 脱妆、卡粉，因为皮肤会吸收粉底中的水分
- 肤色苍白（暗“灰”）
- 可能伴有头痛
- 易出现细纹

正常情况下，肌肤表面的脂质膜可以充当调节剂，并起屏障作用——既能保湿，又能阻挡细菌、灰尘，文武双全。但只要脂质膜的功能遭到破坏，“战力”下降，皮肤表面水分就会蒸发过快，最终导致脱水。

大多数人都有过皮肤脱水的经历。以下任何情况都会导致脱水：

- **环境**：风吹、冷空气、空气干燥、日晒过度、空调、中央供暖。
- **饮食**：摄入过多酒精、咖啡因，食物含水量不足或喝水太少。更多关于饮食和皮肤的信息见第 77—79 页。
- **生活习惯**：压力大、护肤不规律、劣质护肤品、药物影响（包括节育措施）、吸烟、睡眠不足。
- **遗传**：月经周期、孕期、激素水平变化。

关于补充剂

亚麻籽油或鱼油补充剂中含有欧米茄，对干性皮肤和脱水皮肤都有好处，但是你至少要连续服用 3 个月以上才能看到皮肤的变化。

皮肤既干燥又脱水的情况也很常见。如果你根据以上的定义判断出自己是干性皮肤或脱水皮肤，或者两者兼有，那么不妨参考以下建议：

- 升级保湿霜，请**务必**将润肤霜换成适合干性皮肤的产品，购买时认准“滋养”（nourishing）或“适合干性肌肤”等字样。
- 如果怀疑皮肤脱水，请**务必**将润肤霜更换为标有“水润（hydra）”或“补水保湿”（hydrating）字样的产品。
- **使用**干性皮肤专用润肤膏、面油和精华液。

JORDAN SAMUEL skin
HYDRATE THE MIST
Prebiotic 3-in-1
MultiMist
LA ROCHE-POSAY
SEROZINC
BIOME FRIENDLY
MOTHER DIRT
AO+ MIST
FOR FACE AND BODY
VAPORISATEUR POUR LE VISAGE ET LE CORPS
100 mL 3.4 FL. OZ. U.S.
LA ROCHE-POSAY
LABORATOIRE DERMATOLOGIQUE
TOLERIANE
ULTRA 8
Made in France
Josh Rosebrook
Skin and Hair Care
HYDRATING ACCELERATOR
BRUME HYDRATANTE VISAGE
60 mL (2 FL OZ)
PESTLE & MORTAR
B
BALANCE

- **使用**针对脱水肌肤的洗面奶、有针对性的面油，专业面部护理也要跟上。
- **禁用**任何磨砂膏或同类型产品。
- **拒绝**泡沫型洁面——实在舍不得扔，留着刷盘子吧。
- 无论你是干性皮肤还是脱水皮肤，日常护肤时**来点**透明质酸（见术语表）总是好的。

好物推荐

☆ 贝德玛 水润保湿霜
(Bioderma Hydrabio Cream)

☆ 娇韵诗 高山草本洁面乳（也叫“绿吸盘温和洁面乳”）
(Clarins Cleansing Milk with Alpine Herbs)

☆ 朵梵 玫瑰芳香水润滋养油
(Darphin Rose Aromatic Care Hydra-Nourishing)

☆ 维蕾德 肌肤食品系列（沙漠皮救星）
(Weleda Skin Food) [1]

☆ 慕拉得 焕活水动力保湿精华
(Murad Hydro-Dynamic Quenching Essence)

☆ 露得清 水活强效保湿凝露
(Neutrogena Hydro Boost water gel)

☆ NIOD 多分子透明质酸复合精华
(NIOD Multi-Molecular Hyaluronic Complex)

☆ 肌研 脱水皮肤专用系列
(Hada Labo–range is made for dehydrated skins)

☆ Zelens 日用防晒霜 SPF30
(Zelens Daily Defence SPF30)

1 完整的 Skin Food 系列涵盖了从头到脚的所有产品。

宿醉皮、爆干皮、气候皮

圣诞、元旦来临的日子，是很多人尽情放纵的狂欢季、派对季，很多人都会敞开心扉，尽情吃喝——红酒、大餐、巧克力、点心、圣诞布丁、薯片，还有晚八点后的激情……

> 肌肤干燥缺水之三大元凶：酗酒、高盐与高糖。

三大元凶对皮肤的影响与许多教师、医生、护士经历的类似，他们都在干燥、温暖、易滋生细菌的教室或医院工作。在四季分明的地区生活的人，供暖时节会觉得皮肤发干；常年在空调房里工作的人，也会发现肤质越来越差。如果你也有类似的感受，请从改变生活习惯入手。

酒精

对皮肤而言，喝酒（包括超甜鸡尾酒和起泡酒）有百害，最直接的负面影响就是脱水。对比一个有二三十年酒龄和一个滴酒不沾的同龄女人，我们就会看到巨大差异——脱水造成的皱纹更多，看起来甚至老 10 岁。酒精会从你的身体中抽取水分和重要的营养物质，最严重时甚至会让你脱水成“葡萄干”。如果常常喝醉，又忘记用护肤品，那更是雪上加霜。如果你本身患有酒渣鼻（参见上一章“酒渣鼻”部分），喝酒还会加重你的症状，甚至让你变成圣诞老人的红鼻子驯鹿——鲁道夫！

盐

浮肿、缺水？恐怕是那丰盛的晚餐、多味肉汁和咸味小菜吃多了。更要命的是，如果你的放纵是出于吃货的天性……管不住嘴，要后悔呀！

糖

糖是我们皮肤和脏器共同的敌人。简单来说，当葡萄糖与蛋白质、脂肪酸等物质结合，并经过一系列转化后，就会生成糖基化终产物，这个过程简称糖化。当糖基化终产物积累过多时，皮肤的胶质纤维就会固化，蛋白质变硬，从而会失去弹性，导致皮肤暗沉、发黄老化、长出皱纹等。

用一句话总结：三大元凶放在一起，就是镜子中我们无处安放的不安。保持良好的皮肤状态能更好地应对美食、季节转换的冲击。在坚持常规护肤程序的同时，可考虑添加抗氧化精华以获得额外支持。派对前吃一顿正餐，添加水分含量高的蔬菜，比如黄瓜和西兰花，可以助力皮肤抗燥。另外，多喝水，无论是喝酒时还是吃甜食后，虽然水不会直接影响皮肤的水合作用，但可以有效支持皮肤的健康运转，对防止出现皮肤干燥、紧绷或发痒等严重缺水迹象好处多多。

工作环境很干怎么办?

在某些工作环境中即使很难随时补水，也要尽力而为。工作台上始终放一瓶水，一旦间休，就去补水。

喝水可以提神醒脑、预防头痛。但遗憾的是，喝水没坏处，却亦非终极疗法。

请参照上一章针对皮肤干燥缺水问题的护肤建议。

3 痤疮

痤疮是常见的皮肤问题，表现为面部和颈部的黑头粉刺、白头粉刺、痘痘或囊肿（有时出现在背部、胸部）。痤疮严重时对患者身心所造成的负面情绪不容忽视。

讲到这个话题，人们往往想到痤疮只出现在青春期的孩子身上，其实成年人患痤疮的情况也**与日俱增**。记得 40 岁以前，我的皮肤几近完美，可是突然间，满脸爆发了红色的囊肿（看起来怒不可遏的样子），同时还伴有食物过敏。医生直接给我开了抗生素，虽然不情愿，但我也没怀疑，谨遵医嘱。

后来我意识到，我的痤疮多半是因激素水平不平衡导致的，抗生素对我起不到任何作用，所以我决定按照自己的方式“战痘”：停用抗生素，调整饮食（本人非专业营养师，所以针对我个人的食谱不具有普遍有效性，在此就不分享给亲爱的读者朋友了），更换护肤品。之前我习惯用较厚重的润肤产品，那段时间调换成透明质酸含量高的精华和无油配方的保湿霜。这些招数奏效了，结果非常好。

治愈痤疮**没有神奇的“偏方”**。是的，痤疮类型各异且顽固，没有哪种方法能做到万能。下面的内容请认真读完，同时也时刻谨记，痤疮因人而异，你长的痤疮可能为单一类型，也可能为几种类型的混合。你必须非常了解自己的整个身心系统，包括皮肤状态、身体状态，还有精神状态，才能打起精神战胜它。

痤疮的导致因素

激素分泌导致的痤疮：雄性激素分泌旺盛是青春期男孩和女孩爆发痤疮的主要原因，这会导致皮脂腺增大并产生更多皮脂，这些油脂混合脸部老化的角质，非常容易将毛囊堵塞，最终引发痤疮。女性在月经前几天、月经结束期、围绝经期或更年期更容易引发。

过敏引起的痤疮：可能与对化妆品、食物（如贝类）或环境的过敏反应有关。

导致痤疮的另外两个主要因素是**细菌与炎症**。

有种细菌叫**痤疮丙酸杆菌**，因感染痤疮丙酸杆菌而造成的皮肤问题就是痤疮（也因它而得名）。只要环境适宜，这种细菌就会传播开来。

另外一个爆发痤疮的诱因便是**炎症**，它可能是由疾病、饮食或压力引起的，药物、高糖、奶制品、情绪焦虑、抑郁等都会引起痤疮。

了解了这些导致痤疮的因素，现在你可以对号入座，明白该如何照料皮肤，同时也知道为什么抗生素对有的人就是不起作用了吧（例外的情况是，它们是皮肤科医生全套治疗方案的一部分）。

> ### 关于抗生素
>
> 抗生素能救命。的确如此！我不反对使用抗生素，我只是瞧不上一些医生，特别是有些全科医生不专业的做法——他们给病人开了太多的抗生素，却起不到任何作用，而他们依然固执地、重复性地给所有人开一样的无效处方——实际上这种情况该考虑停药了。滥用抗生素会伤害消化系统，破坏人体对日晒的修复能力，还会严重破坏牙釉质，而且长期应用抗生素也会使人体产生抗药性。
>
> 所以，如果你的痤疮很严重，建议直接去皮肤科或皮肤专科医院就诊。但如果并不严重或没有明显恶化的迹象，可以先观察一段时间。每月因激素分泌爆得那几个痘痘，其实没必要太伤神，说实话，它对你的颜值影响不大。

神话和无稽之谈

某些信息只要一经时尚杂志刊登或在电视上播放（或两者兼而有之），似乎就变成了铁板上钉钉的真理。但实际上，很多所谓的“事实”都是谣言。在这里我要澄清：

- **因为皮肤“脏”，所以长痤疮**。错！我特别建议定期更换枕套（至少每周

『必须非常了解自己的身体，
包括自己的皮肤状态、
身体状态，还有精神状态，
才能信心百倍地对付它！』

一次），但细菌不等于污垢，要明白这是两码事。每天洗脸两次足矣，过度洁面会破坏皮肤表面的酸性保护膜（这是皮肤天然的防御系统，能够阻挡细菌和病毒），使天然的酸性环境被迫转变为碱性，从而引发皮肤干燥、红肿疼痛，也会使已有的痤疮恶化。

- **痤疮只影响油皮的人。**错！各种皮肤类型的人都有可能长痤疮，所有皮肤类型的痤疮都有白头或黑头。
- **牙膏、婴儿的护臀霜能够治疗痤疮。**错！这些产品或许可以暂时消消炎，但并不能彻底治愈痤疮，牙膏中的氟化物甚至还会使痤疮恶化。如果像这些产品就能解决痤疮，那还有什么疑难杂症呢？姑娘们，别傻了！
- **化妆会引起痘痘。**错！如果你用的是劣质或不适合自己的产品，那它一定会刺激你的皮肤。但正常化妆不会造成痤疮，除非你是一个经常不卸妆或卸妆不彻底的人。

抗痤疮清单

首先要感谢我的朋友、客户，还有我博客的读者。这些年在回复大家的“抗痤”问题时，我积累了一个有用的清单。清单里不是金科玉律，而是一系列建议。既然是建议，对你来说，可能适用，甚至效果显著，也可能不适用，毕竟世界上本不存在两张完全相同的脸。

- **避免酒精含量高的护肤品。**略微有点“刺痛”尚可，但绝对不能有“灼烧”感。酒精含量高的产品会使皮肤干燥，并破坏皮肤表层的酸性环境，从而为细菌生长提供完美土壤。但在酸中添加酒精是个例外，乙醇酸等物质必须借助酒精的力量才能均匀溶解在水质基质中。
- **别老想着去油。**痤疮肌如果只用泡沫型洁面乳和无油润肤霜，那么皮肤早晚会出现干燥、敏感等症状。具有强效清洁力的含 SLS 的碱性皂和泡沫洁面会破坏皮肤表层的酸性环境，导致皮肤酸碱失衡。碱性肌可是细菌的天堂。
- **别手痒。**“如何挤痘”见第 146—149 页。

> 与囊肿做斗争，它将永远、永远占上风，而受伤的总是你。这貌似是在警告你谁才是大 boss。

- **避免用质地厚重的乳木果油保湿霜。**诚然，乳木果油为天然提取物，但相较于大多数油脂，它们更难被皮肤分解，也更容易堵塞毛孔，会让你长出大白头。建议日间用补水保湿为主的润肤霜，夜间视情况可适量用点面油或膏质产品。
- **温柔呵护、诚意待之。**你懂的，滥用护肤品，对自己的皮肤厌之弃之，视之为褴褛，只会使情况越来越糟。

> 你的皮肤你做主。在它需要你时，请挺身而出。

- **使用优质洁面油 / 膏。**此时绝对没必要对洁面油说“不”，只是不能用矿物油。轻薄的植物提取油不会堵塞毛孔，不会致痤，反而能够滋养亟须呵护的肌肤，防止痤疮进一步蔓延。
- **外用去角质产品。**局部刷酸有助于疏通毛孔，去除死皮细胞，解决毛囊堵塞，修复酸性保护膜。通俗点说，就是为解决痤疮问题疏通一条大路。可以用乙醇酸、乳酸或水杨酸（更多信息见第 167—174 页的“酸”部分）。
- **可以选用含过氧化苯甲酰或硫磺的产品做局部治疗。**此类产品可以穿透毛孔并杀死致痤的特有细菌。**警告：**这两种产品都会“拔干”皮肤，所以使用频率不要过高。与上一条比，我更喜欢刷酸。
- **做好滋润保湿，局部考虑用面油护理。**虽然一些部位长了痤疮，但其他部位很可能干燥或脱水，急需油来滋养。
- **选择性地服用补充剂。**是的，必须服用适合自己的补充剂——可以是益生菌，人体需要益生菌，正在服用抗生素的人尤其需要。皮肤是人体最大的器官，肠道问题也会在肌肤上有所体现，因此应尽量保证肠胃健康。选择你能买到的最大剂量的益生菌，尽快用完，临近保质期的药效可能会大打折扣。当然，用前要先征求医生的意见。

  我毫不怀疑，**补充大量鱼油救了我的脸。**不仅是我，我认识的很多人也有同样的感受，它适用于痤疮、牛皮癣和湿疹——所以如果你有这些，或所有——我诚恳推荐。

> 大多数肌肤问题都是因为压力造成的，包括痤疮、酒渣鼻，以及湿疹。试着学会放松，敞开胸襟，放松心情。海纳百川，有容乃大。

饮食与痤疮

遵循健康的饮食习惯有助于预防和治疗痤疮，有些食物会刺激激素分泌，导致皮脂腺分泌过多油脂。有些研究发现，西方饮食与更严重的炎症有关，这也会导致痤疮问题。但至今没有一份包含所有“致痤”食物的清单。

最佳饮食建议还是老样子：吃富含维生素的新鲜水果和蔬菜、健康蛋白质来源的肉类和鱼类，以及全谷物，保证饮食的均衡。

好物推荐

☆ 德玛蒂卡——线上处方服务
(Dermatica—online prescription service)

☆ 肌肤配料 萨利洁面
(Skingredients Sally Cleanse)

☆ 蕾妮·露露 囊性痤疮精华素
(Renée Rouleau Anti Bump Solution)

☆ 芢 镇静保湿祛痘凝胶
(REN ClearCalm 3 Non-Drying Spot Treatment)

☆ 宝拉珍选 2% 水杨酸去角质液（常规强度）
(Paula's Choice Clear Regular Strength 2% BHA Exfoliant)

☆ 山迪·莱利 法式绿泥洁面乳
(Sunday Riley Ceramic Slip Cleanser)

☆ 凯特·萨默维尔 无油保湿霜
(Kate Somerville Oil-Free Moisturiser)

☆ 理肤泉 清痘净肤特润舒护乳
(La Roche-Posay Effaclar H Muli-Compensating Soothing Moisturiser)

☆ 梅·林德斯特伦 问题克星修复面膜
(May Lindstrom The Problem Solver)

☆ 宝拉珍选 皮肤平衡保湿霜 SPF30
(Paula's Choice Skin Balancing Moisturiser SPF30)

☆ 娇韵诗 广谱多效防晒霜 SPF50
(Clarins UV Plus SPF50)

|误区| 皮肤“催吐”

绝对不能私自用某些非处方药帮皮肤“催吐”(大面积爆痘),虽然医生治痤方案中用的一些处方药可让你满脸爆痘,但这有本质上的不同:首先,这是在医生指导下用药;其次,这可能是整个治疗方案中的必经步骤。这种情况会持续几个星期甚至几个月,对患者来说,这是治疗方案中最难熬的一步,但却值得坚持。

如果你用的某种非处方产品(不管是药物、护肤品,还是保健品,甚至是仪器之类)让你脸上突然爆痘或出现红肿,那么不用说,这种产品根本就不适合你。但有几种情况除外,如强效非处方药维甲酸[1](维生素 A 治疗)可能会导致爆痘,这种情况下,建议减少使用量,循序渐进地给皮肤一个适应的过程;再比如,假设你是痤疮肌,突然使用水杨酸含量高的产品可能导致痤疮轻微恶化,但一般情况下,也不会持续太久,几天到两三周症状即可消失。

我经常碰到一些产品推销商,喊着“帮助皮肤代谢(排毒),让皮肤焕发新生”的口号,但实际上其产品中所含的一些成分反而会让一张毫无瑕疵的脸长痘,要么是因为产品中的某些成分本身就是过敏源,你的皮肤不喜欢这些成分,要么这些成分会堵塞毛孔。所以请注意:试用一款新产品时,如果脸上会长出一些白头粉刺(普通小包包),不要大

1 美国 FDA(食品和药品监督管理局)批准了第一个非处方药维甲酸来治疗痤疮,药品名是阿达帕林凝胶(达芙文)0.1%,是第一个具有活性成分的非处方药。

意哦。

一张看起来愤怒的、红肿的脸，混合白头、黑头，这些都不是皮肤在自我“催吐”。相反，那是我们的皮肤在呼救，乞求我们快停下来！

听之，从之。

于我而言，就算我的皮肤表面之下，如一座休眠的火山，岩浆翻滚，我亦愿温柔以待，绝不引其喷发。

正所谓，无为，而无不为。

| 误区 | 长痘可能是痤疮肌，抑或是油皮、混合皮

我见过的大多数偶尔长痘的人都是中性偏干或缺水、偏敏感性肌肤的人。长痘并不意味着你就是痤疮肌，以下是会陷入恶性循环的两种情况。

恶性循环一

你在十几岁的时候可能长痤疮，等到 20+、30+，甚至 40+，你还是继续把你的皮肤当成痤疮肌来对待，经年用着适合油皮、混合皮的护肤产品。可事实是，皮肤在我们 19 岁或 20 岁的时候就悄然发生了改变，在那层看起来红肿敏感的皮肤下面已经是正常皮肤了，所以待到后来皮肤为了自救分泌更多油脂、发红、敏感，其实是皮肤向你发出的警告，但却让你误认为是油皮、混合皮惹的祸。

恶性循环二

当你第一次长出几颗痘痘，去美妆商店买产品或是做面部护理时，基本上都会被店员告知自己是油皮、混合皮。因为那些销售助理或理疗师接受的培训就是：痘痘 = 痤疮 = 油皮 / 混合皮 = 泡沫型洗面奶 = 去油。

实际上，你可能是中性皮肤。脸上之所以那么油，是因为皮肤严重缺水，它在拼命弥补自己而已，所以，我们的脸才会在中午或下午 3 点的时候泛油光。它变油，你便认为自己是油皮，因此尽力去油。你讨厌它，它讨厌你，于是就会开启新一轮的绝望。

我的意思不是说偶发的痘痘不值得重视。我只想提醒大家，“痤疮”这个词在整个护肤行业有被滥用的趋势，并且相关从业人员并没有接受

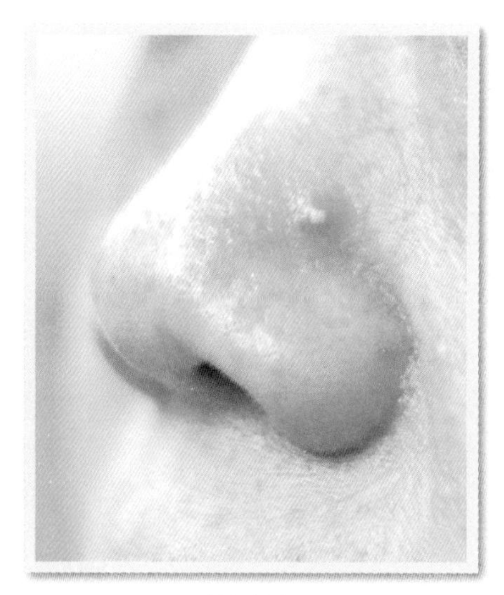

偶尔长痘

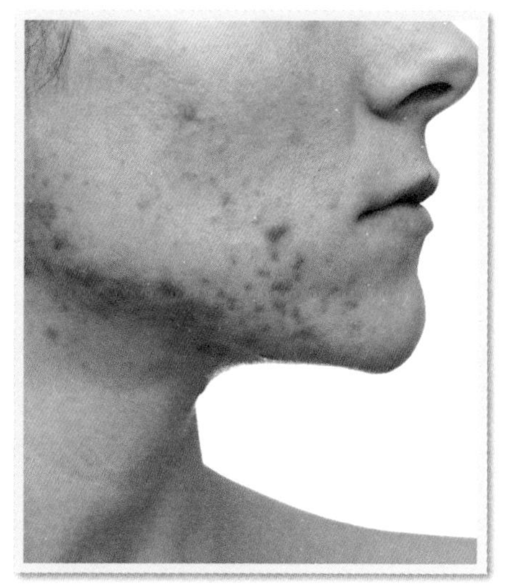

痤疮肌

足够的培训，去深入了解痤疮与荷尔蒙分泌、食物过敏、产品应激或其他反应之间的关系。我见过的大多数有痘痘的人，皮肤都是正常的／轻微脱水／偏敏感型皮肤，这与痤疮肌有本质的不同。任何人、任何时间、出于任何原因都可能长痘。

所以，拜托，拜托，下次再长痘——即使多长了几个或在脸上多处爆痘，甚至一个月长几次——那都是皮肤在冲你发脾气。先想想你怎么惹了它：吃了什么不耐受的食物？是不是喝酒了？洗澡的时候用了含 SLS 的洗发水并溅了满脸？还是月经要来了？先不要当痤疮处理，也不要把皮肤当作混合皮对待。要做的是找原因。

> 悉心护肤，悉心护痘。皮肤不是我们的敌人——也不应待之如敌。还要记住：偶尔蹦痘与痤疮肌完全是两码事。

4

口周皮炎

（又名“那些恼人的疹子”，怎么都不会消失！）

口周皮炎就是在口、鼻或眼睛周围出现的那种成片的红疹，会起屑，看起来像（但不是）湿疹或痤疮，不容易消退，有时似乎还会“繁殖”增多。

- 口周或鼻周出现的一簇簇的丘疹，红肿甚至脱屑，用战痘的方法去治疗它，总是收效甚微。
- 偶尔有刺痛感或灼烧感。
- 偶尔产生皮屑。
- 有时会完全消失，之后又像变魔术一样突然“回归”。
- 偶尔想尝试在上面用点厉害的东西，比如去角质的酸，内心就会抗拒。

怎么样，上面的描述听起来是不是很熟悉？是的，这是口周皮炎（长在眼

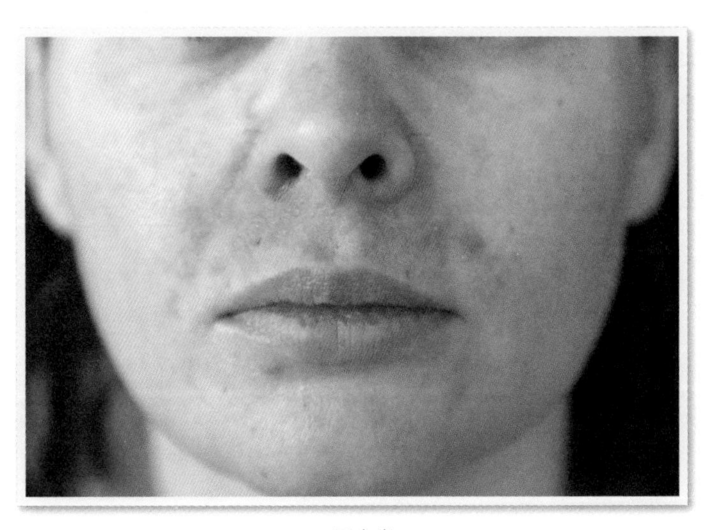

口周皮炎

睛周围的是眼周皮炎)。如果你长了，不必惊慌。口周皮炎很常见，也很好治疗。但是如果你漠视它，它就会扩散开来。

口周皮炎多发于20—45岁的女性，可能主要是激素原因导致（但是男性和儿童也会患病)，也可能与面部的阴影区域有关，温热、潮湿，是细菌生长的完美环境。其触发因素可能是以下一种或多种：

- 对某些彩妆产品的应激反应
- 对类固醇乳膏的应激反应
- 对强风 / 紫外线的应激反应
- 对避孕药的应激反应
- 睡觉时流口水
- 对牙膏中的氟化物过敏
- 对牙膏和洁面产品中SLS的应激反应

口周皮炎极易治愈。因反复出现而去就医时，医生会给你开一些外用药膏，如果严重的话，也会开口服抗生素。痊愈之前，避免在患处使用含活性成分的护肤品。普通的滋润型护理油（如荷荷巴油，或者含有维生素D的护理油）可以止痒保湿。**对我来说，唯一有影响的是含SLS的牙膏，我现在会完全避开这个成分。**

5

粟粒疹（脂肪粒）

粟粒疹，顽固又难看，就像粘在鞋底的口香糖一样。粟粒疹又人人可长，不分年龄、不分种族、不分性别，多发于成年人眼周和脸颊上部皮肤较薄的部位。粟粒疹属于一种囊肿，里面充满角蛋白。我们需要角蛋白，它是皮肤、头发、指甲的重要组成部分，但角蛋白一旦被困在皮肤以下而排不到皮肤表层，就会形成粟粒疹。

粟粒疹

关于粟粒疹的几点重要常识：

- 粟粒疹不是痘
- 粟粒疹与毛孔没关系——粟粒疹长在你的表皮以下
- 粟粒疹无害

- 粟粒疹没有传染性
- 粟粒疹并非由病毒或细菌引起
- 服用抗生素或避孕药不能祛除粟粒疹

如果你和家人的脸上都起了很多粟粒疹，那很可能是家族基因的问题。如果你只是零散地长了一些，只需做好常规护肤工作。

粟粒疹严重了怎么办？

> 不要挤、不要挑！否则会产生一大堆麻烦，疹还有可能变成坑。

- **找专业人士祛疹**。打电话给附近的美容沙龙，问清楚他们是否能祛除粟粒疹，不妨反复询问："你们是通过物理手段祛除吗？"不是微晶磨皮，也不要激光，是美容师用"针"来手工操作的那种。如果对方有任何迟疑，就不要去！绝对不能请一个对技术没把握、训练"无"素的人在自己眼睛周围戳来戳去！能够提供这种服务的美容沙龙不多，有些地区甚至规定美容院不能"刺穿皮肤"。
- **看皮肤科医生**。专业的事情交给专业人士处理。

轻微粟粒疹如何处理？

养成好的护肤习惯，让肌肤时刻保持良好的运转状态。

- **正确洗脸**，用法兰绒毛巾和温水（见第 30—35 页）。
- **坚持每日去角质**，轻柔点，不要损伤肌肤或粟粒疹部位，切勿用任何磨砂膏。切记！
- 在局部交替**涂抹酸和保湿水 / 保湿精华**（流动性好的液体精华）。爽肤水是祛疹必备。酸用在长粟粒疹的部位，有助于更快地更新皮肤表层。保湿型爽肤水在保湿的同时能确保你的脸不会变干。先用酸，再用保湿水。
- **保持肌肤湿润**。
- **偶尔用用泥膜**。晚上空闲时将泥膜涂在粟粒疹所在的部位，然后吃吃饭、看看电视或随便干些什么都行，最后洗掉、拍水、保湿。

这样下来，你会发现有些小的粟粒疹经过一段时间后会变小甚至消失了。当然，还有下面一条基本原则要遵守：

> 不要自己动手用针挑，乱挑可是要毁容的。

再说一遍：患处刷酸，定期去角质，做好保湿，定期敷优质泥膜。如果你想尽快将其彻底清除，就要请专业人员帮你做。

『别抱怨护理皮肤浪费时间，
这是你的脸哦！』

6

肌肤乱象：我们要重点解决什么？

实际上，很少人拥有真正意义上的“中性皮肤”，对大多数人来说，这远非常态！所以把“中性皮肤”作为一种肤质类型，确实有待商榷。我们也不宜将“中性皮肤”作为比对标准。莱斯利·鲍曼（Leslie Baumann）博士几年前提出过 16 种皮肤类型，这是比较精确的，尽管我认为可能还有更多种情况。

很多人都面对形形色色的肌肤问题，如色素沉着、酒渣鼻、干皮、油皮、混合皮、敏感肌、皮肤缺水、老化等——所有你能想到的，你至少占一种，甚至不止一种，可能同时有三四种。面对肌肤乱象，我们又该重点解决什么呢？

#1 首先，照顾敏感型肌肤或酒渣鼻。

由敏感而带来的肌肤炎症会引起一系列肌肤问题。比如，如果长了酒渣鼻和痤疮，却长期用传统的清痘泡沫洗面奶，我们的肌肤就会“大声呼救”。这绝非好事，也绝不是我们想要的结果！

敏感为王。推荐用敏感肌专用的保湿霜、不含香精的面油。

#2 然后，解决脱水问题。

皮肤一旦脱水，涂什么，它就会吸收什么。我们必须反复补水，否则在肌肤脱水状态下，即便用了大牛级别的抗衰精华，也只是减缓了肌肤的饥饿感，而做不到真正的抗衰。

如果一个人的肌肤缺水，早上做完护肤后虽然看起来水润有弹性，但甚至坚持不到两小时，就开始显出原形。无论从事什么工作、使用什么护肤产品、多大年纪、有什么样的生活方式，其实一觉醒来时，皮肤就已经脱水了，我们首先要做的就是改变这种状态。

脱水是王炸。建议你：爽肤水阶段——酸 + 喷雾 + 精华液。用酸浸湿化妆棉片，轻柔地按压皮肤，之后喷以含有透明质酸或甘油（或二者兼有）的喷雾，再涂上含透明质酸的精华液，最后是保湿霜。这些产品都不会引发任何肌肤问题。

#3 最后，解决常规问题。

一旦解决了肌肤敏感、红肿、脱水的问题，其他问题就好解决了。各种皮肤类型或状况都可以按照以下标准选择产品：

干皮：选择优质的面部护理油及其他含油护肤品，切忌用泡沫型洁面产品。干皮通常伴有肌肤脱水，如果你的皮肤既干燥又缺水，那就同时修复这两种问题，如果不确定属于哪一种，请阅读第 104—107 页。

老化皮：抗老精华、类视黄醇、多肽产品用起来。

色素沉着皮：用专门针对色素沉积的精华、类视黄醇，且一定做足防晒（任何情况下，防晒都要放首位）。

油皮：刷酸，以及适合自己肌肤的精华以及保湿霜。不要过度用无油润肤霜和泡沫型洁面乳。

痤疮：酸是关键，保湿同样重要。如果你正在用无油保湿霜，那么请一定认真考虑适当为皮肤补充油脂。如在抹保湿霜前，首先抹一层专为痤疮 / 混合性皮肤调制的面油。我保证，只要一两滴，就能带来很大改变。市场上的护肤品种类繁多，了解了这些信息，你就已经走在了护肤达人的前列。

> 泡沫型洁面乳 + 含酒精爽肤水 + 无油保湿霜，这套护肤流程早已 out 了。

最后特别提一下黄褐斑，产科医生叫它妊娠斑。

黄褐斑与色素沉着完全是两码事。

色素沉着的成因包括日晒、痤疮疤痕、挤痘或炎症，外用一些具有特定修复成分（如乙醇酸、曲脂酸和杜鹃花酸、类视黄醇、甘草）的产品，效果较好。

可选的产品：去角质酸，以及含以上成分的专用精华液和防晒霜。

上述引发色素沉着的因素也会引发**黄褐斑**，但黄褐斑还与激素水平（如怀孕、吃避孕药、绝经期）、阿狄森氏病、狼疮和麸质过敏症等有关，男女患病之比为

9∶1。当我们体内的黑色素细胞像播种般把黑色素扔出来时，它们便像烟花一样散播在皮肤表面。

治疗黄褐斑的最佳方法：耐心、激光治疗、祛色素沉着的配套产品、充分防晒。我在怀孕期间长过轻微的黄褐斑，最后自己消失了，但大部分人没这么幸运。好消息是，如果借助临床激光治疗，可以让它消失。坏消息是，即使从不晒太阳或涂较厚的防晒霜，黄褐斑也可能卷土重来。另外，高温也可能导致黄褐斑复发，所以也要远离桑拿和蒸汽房。

在把自己的血汗钱交出去之前，要先搞清楚自己是黄褐斑还是色素沉着！

好物推荐

☆ The Ordinary 2% 熊果苷 + 透明质酸精华原液
(The Ordinary Alpha Arbutin 2% + HA)

☆ 法国原液之谜 角质平衡液 P50 PIGM 400
(Biologique Recherche P50 PIGM 400) [1]

☆ Zelens Z 亮肤美白精华
(Zelens Z Luminous Brightening Serum)

☆ 慕拉 老化斑快速修复精华
(Murad Rapid Age Spot Correcting Serum)

☆ OSKIA 文艺复兴亮白精华
(OSKIA Renaissance Brightlight Serum)

☆ 蕾妮·露露 高级焕肤精华
(Renée Rouleau Advanced Resurfacing Serum)

1　法国原液之谜被称为“贵妇级院线品牌”“护肤界的爱马仕”，1970 年在法国巴黎诞生。品牌创始人创立的 BR 实验室致力于高浓度活性产品配方的研发，受到专业美容人士的追捧。Lotion P50 PIGM400 是最新配方的产品，富含 Lotion P50 的去角质活性成分以及 PIGM400 系列的亮白剂、抗氧化剂，有助于恢复明亮和容光焕发的皮肤，适用于肤色暗沉和色素沉着过度的皮肤。

| 误区 | 某些眼部护肤品真的可以修复遗传性黑眼圈吗？

你是否被黑眼圈折磨得发疯？想尽一切办法摆脱它们却没成功？

| 消除黑眼圈的方法很有限，有些方法甚至会加重黑眼圈。

我可爱的亚洲读者们、深肤色的读者们，甚至拥有飘逸的红发，且皮肤白皙的读者们，如果你们的眼眶下面有一圈“暗黑”，但最近没有熬夜、没有哭泣，也找不出任何其他原因，那么请去观察一下你们的父母和直系亲属。如果他们眼眶下面也有这圈“暗黑”，那恐怕是遗传性的。遗憾的是，没有一款眼部产品能消除这种黑眼圈。

当然，有些出色的眼霜/眼部精华有淡化黑眼圈、提亮眼部肤色的作用。但如果有人看着你，真诚地说“这款眼霜能够祛除你的黑眼圈”，他要么是骗子，要么就是被别人骗了。偶尔因为生病、脱水或突然的好/坏变故而产生黑眼圈，淡化起来还相对容易一些，但是如果是遗传导致的黑眼圈……对抗基因，难如登天。

如果你真的很讨厌它，可以找皮肤科医生了解一下泪沟填充：泪沟填充不是外科手术，而是通过在皮肤表层下注射透明质酸填充物，达到隐藏黑眼圈的目的。对大多数人来说，填充一次，效果可持续 12—18 个月。

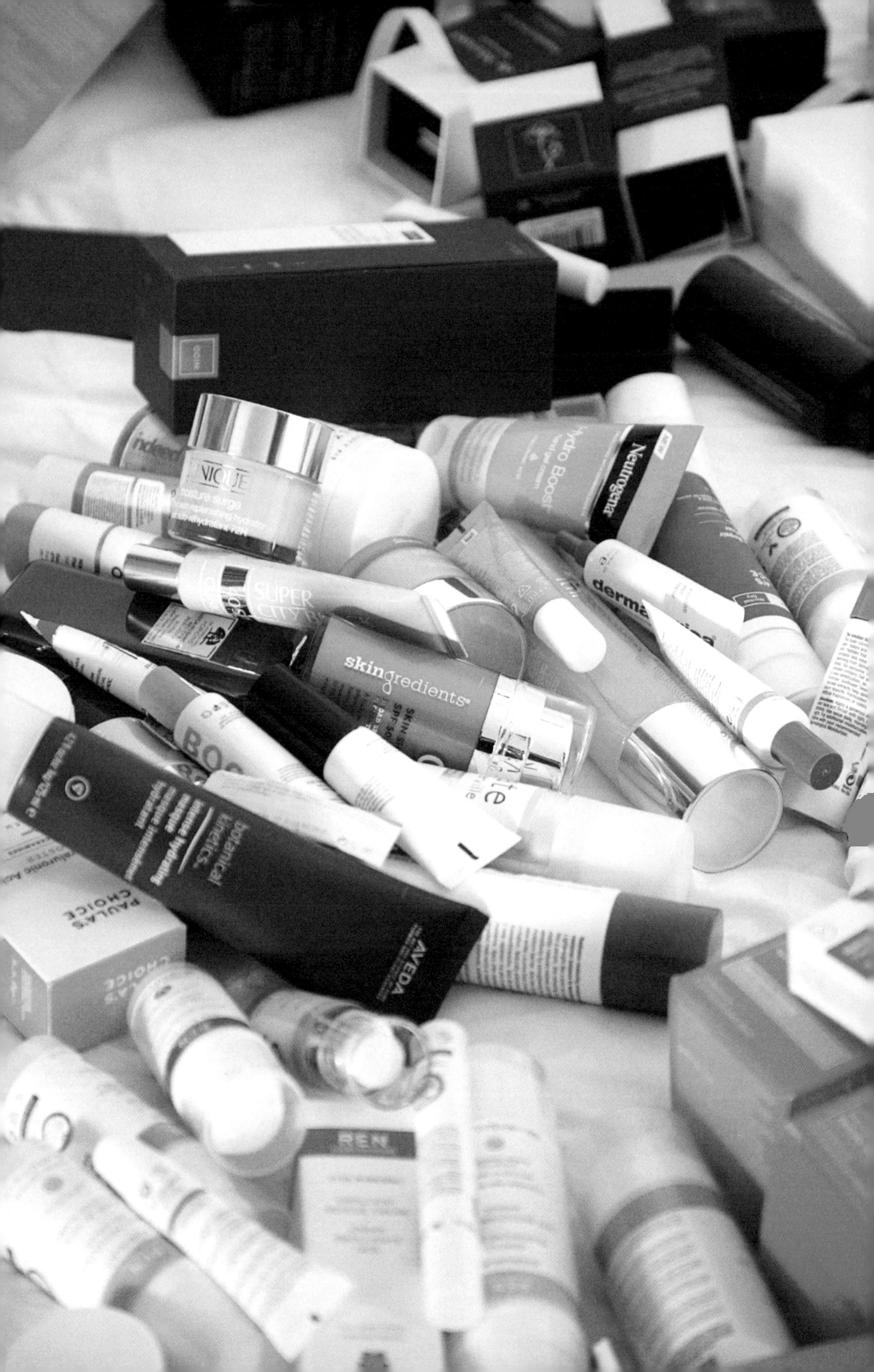
Neutrogena
Hydro Boost
skingredients
AVEDA
botanical kinetics
PAULA'S CHOICE
REN
SUPER

Chapter 3

生命之始

衰老三角形

变老不是人人都能享有的特权，有些人甚至都没有机会度过他们的 40 岁、60 岁或 80 岁。所以，与其抱怨衰老，不如庆幸我们还活着。

下图左边的照片是我 20 岁出头时拍的，不难看出，照片中的三角形处处彰显年轻的定义：满脸的胶原蛋白，高高的颧骨，饱满的苹果肌，几乎看不到皱纹，眼睛底下还有结实的卧蚕。随着年龄的增长，人的脸型也会发生变化。30 岁之后，肌肤合成胶原蛋白的能力迅速下降。你可以把胶原蛋白想象成支撑脸下半部分的一个三角形。当你年轻的时候，三角形的底边在上，左右两个角分别在颧骨两边。随着年龄的增长，三角形的底边会逐渐向下腭移动。所以护肤产品也需要从保养型换成修复型。下图右边的照片是我在 40 多岁时拍的，可以看出胶原蛋白三角的底边已经移至下巴了。当胶原蛋白大量流失后，皮肤的结构自然而然就改变了。

一个不变的事实是：不管护肤品如何夸大其词地营销，所有产品都不能恢复年轻时的苹果肌，除非你用医美的方段做面部提升。有些护肤产品有“预防衰老”的作用，但绝对不能逆转衰老——它们能做的只是减缓衰老或防止变得更糟。

1 肌肤伴你一生

莫与皮肤作斗争，唯有合作才可共赢。

随着年龄的增长，皮肤状态也会发生变化，所以护肤流程与护肤用品等都需要做出相应调整。

对皮肤最负责任的做法，就是从年轻时开始养成良好的护肤习惯（各位，防晒！）。看到肌肤有任何衰老的迹象，比如慢慢丧失锁水保湿的能力，胶原蛋白流失，要在第一时间处理！维持皮肤的良好运转很重要。

身体的激素水平、个人习惯、生活和工作环境等因素都会影响皮肤，它需要随时应对来自各方的挑战，**时刻做到关怀备至才不至于被打个措手不及**！在这一部分中，请跟随我一起来“备战”。

伤害皮肤三宗“最”

日晒：一点点可以，但绝不能多。请做到心中有数。

高糖摄入：戒糖，或许是你能为自己、为健康，为皮肤做的最有益（也是最难）的事情之一。简而言之，糖会分解胶原蛋白，而胶原蛋白就如同肌肤的支架一般，每摄入一点糖，都是对支架的侵蚀，会让皮肤渐渐松弛、失去弹性，最后彻底垮掉。

吸烟：每吞吐一口烟雾，都是在对皮肤做一次抽氧运动。我有一个吸烟的客户，她从下嘴唇到额头的皮肤状态与两侧明显不同（想想烟雾从口中吐出时的走向），呈明显的暗灰色。所以，如果你有吸烟的习惯，还犹豫什么！

2

生命延续着

激素可能是诸多肌肤问题的“麻烦制造者”。

激素！激素！激素！生活中，太多状况都是由激素紊乱造成的。在某些特定时期，我们身体的激素水平会非常不稳定。此时，可以采取一些措施，如对自己的护肤装备做些许调整，以减少它对肌肤的影响。

青春期

可怜的青春期、荷尔蒙迸发的青春期，不只是情绪难以掌控，各种皮肤问题也会随之爆发。如果皮肤正在激素变化期，青少年要懂得照顾好自己，为他们购买产品的家长也要照顾好孩子的情绪。要做到：

- 挑选适合自己的、温和的护肤品（不是所有青少年都会长痘）。
- 养成良好的护肤习惯。
- 定期更换枕套（至少一周一次），因为枕套里藏有大量细菌。
- 睡眠充足，不要有压力。
- 用含水杨酸的护肤品。
- 咨询皮肤专科医生的建议，寻求专业治疗。不用焦虑，医生会为你解决麻烦。
- 用 LED 红蓝光祛痘，这种方法有效且无创。

家长们：如果孩子的皮肤问题已经影响到了他们的自尊，无论如何都不要否定或无视他们的感受。不论是痘痘，还是孩子的情绪，都要认真对待。

好物推荐

☆ 萨姆法默：男女皆宜的青少年护肤品
(Sam Farmer-the entire range is for teens!)

☆ 适乐肤 (CeraVe)

☆ 我之平衡 (Balance Me)

☆ 理肤泉 (La Roche-Posay)

☆ 雅漾 (Avène)

孕期

孕期的激素水平会对肌肤造成一些负面影响。我们虽然没办法预判具体的变化，但是可以做到：

- 准备好透明质酸喷雾，当感觉浑身燥热、皮肤干燥时喷在脸上。
- 如果皮肤有发炎症状，可配一瓶不含香料的高级面油。
- 把类视黄醇成分的护肤品换成补骨脂酚[1]（bakuchiol，见成分表）。
- 激素水平激增的确经常会导致痘痘爆发。对于孕妇来说，医生一般建议使用浓度不高于 2% 的水杨酸。实际上，大多数非处方产品的浓度也都低于这个数字，可放心用。

理论上，其他各种酸类产品也都可用。我怀孕时用的都是自己皮肤已经习惯，且耐受的类型。

好物推荐

☆ 娇韵诗 身体滋养护理油
(Clarins Tonic Body Treatment Oil)

☆ 德马米尔 孕期面部护理油
(de Mamiel Pregnancy Facial Oil)

1 补骨脂酚与视黄醇在成分结构上完全不同，但在改善光老化的能力上与视黄醇相当，而且更容易耐受，是一种被认为是视黄醇“天然替代品”的热门成分。但是其安全性还有待进一步研究。

多囊卵巢综合征（PCOS）/ 子宫内膜异位

皮肤是身体的窗口。女性患有多囊卵巢综合征或子宫内膜异位会对皮肤产生一定影响，如导致痤疮、脱发、体毛过度生长、皮肤出现黑斑等。此时护理皮肤的主要原则应是避免二次伤害。如果患病引起痤疮，请参考第 113—115 页的抗痤建议。

与此同时，应尽量避免刺激皮肤的做法，如：使用粗颗粒的磨砂膏、（合成和天然的）香氛、含有刺激气味成分（樟脑、桉树油、薄荷、薄荷醇等）的物品、酒精含量高的护肤品。

围绝经期、更年期

围绝经期和更年期对皮肤的影响最大。此时，皮肤衰老迹象在加速，肌肤再生的能力明显减缓。神经酰胺、胶原蛋白和透明质酸等水平急剧下降。

除了**以“成熟”的心态对待我们“成熟”的皮肤**（见第156—157页），还应注意以下几点：

- 留心是否有新的痣长出来，痣很多时候是癌前病变和癌变的前兆，**要仔细地检查自己的身体**（包括胸部）。
- 避免磕碰。由于雌激素水平下降，身体更容易出现淤青，因为此时皮肤变得更薄了。
- 皮肤愈合速度更慢。如果伤口很长时间未见愈合，那很可能有感染发生，须及时就医。

疾病期

如果你患有引起皮肤炎症和过敏的自体免疫性疾病，比如多发性硬化、狼疮，或抑郁，那么，

- 不要使用含刺激性成分的产品，如酸类和其他去角质产品。
- 使用温和的洁面乳、面油和润肤霜。如果不是处于疾病发作期，可以用含少量活性成分的产品——当然，时间和尺度需要把握好，毕竟最了解自己身体和肌肤的是你自己。
- 如果你觉得用含香料的产品会导致皮肤状态恶化，可以考虑停用。不过也有一些人更重视日常护理的仪式感，觉得香氛会使自己身心愉悦，能极大地提升幸福感，那就不必强迫自己放弃。做自己喜欢的事情，无论是身体还是精神——但皮肤因某些疾病而出现破损的情况除外，含香料的产品会刺激受伤的皮肤。

> 肌肤，请温柔待之。

化疗期

化疗是为了杀死癌细胞、阻止癌细胞繁殖和生长。不幸的是，化疗会对皮肤产生巨大影响。此时，免疫系统已经受损，健康细胞也会被杀死。为了应对化疗的副作用，护肤习惯也应做出调整，**要尽可能加强皮肤的屏障功能**。

> 护肤流程中涉及的每样产品都能从外到内保护肌肤，就像轻柔地为肌肤关上一扇微微打开的门。

化疗会导致皮肤发红、疼痛、过敏、瘙痒、起水疱、极度缺水，甚至发炎。其间，护肤的主要目的是滋养和保护，绝不能以任何方式刺激皮肤。

- 如果你在使用含活性成分的产品，各种酸和类视黄醇，砍掉！化疗期间不要去角质！包括磨砂膏！
- 避免用精油，以及含酒精、香精的产品。这些东西都会刺激已经受损的皮肤屏障。
- 有些化疗药物可能会引起紫外线过敏，可以将防晒产品调整为含氧化锌的物理防晒霜，防晒系数不应低于 SPF30。务必遵从医嘱，做好防护。
- 化疗药物会对甲床（趾甲、指甲）造成严重破坏，提高患者的感染风险，所以要勤剪指甲，保持良好的卫生习惯，但不要剪得过短。另外，不要乱抠、乱咬指甲。
- 淋浴和泡澡时注意水温，用温水，不用热水。
- 不要抓挠、揉搓皮肤。衣着宽松，以防皮肤因摩擦而损伤，也可防止皮肤表面热度过高。
- 化疗期间及之后，皮肤会经历一段敏感和脆弱期。在恢复使用常规护肤品之前，请先征求医生的意见。化疗之后很长一段时间内，皮肤对阳光非常敏感，这是很常见的现象。记住一点，放轻松、多听医生的建议。

好物推荐

根据一些客人的反馈，化疗期间用这些产品效果不错，但是使用前务必先咨询肿瘤科医生，确认没问题后再用。

☆ Zelens 维生素 D 强效浓缩护理精华油
(Zelens Power D Treatment Drops)

☆ 德美乐嘉 强效抗敏超浓缩修护精华油
(Dermalogica UltraCalming Barrier Defence Booster)

☆ 派 玫瑰果生物再生面油
(Pai Rosehip BioRegenerate Oil)

也可以参考第95页推荐的敏感肌护肤品清单。

儿童与防晒

如果你家有孩子，不管采用什么方法，尽可能避免孩子长时间暴露在强烈阳光的直射下。

- 每90分钟重新抹一次防晒霜。如果皮肤沾水，应增加涂抹次数。
- 如果孩子是短头发，不要漏掉脖子后面与耳根。根据接受伍德灯[1] (Wood's Lamp) 检查的孩子的反馈，耳朵上面、眉毛上方有严重日晒损伤的情况很多。在我看到的资料中，澳大利亚的孩子遭受的日晒损伤更严重。

1 伍德灯是由一位名叫罗伯特·伍德的物理学家发明的。伍德灯号称皮肤的“显微镜”，是皮肤科较为先进的临床诊断设备，可以用来检测细菌或真菌皮肤感染，还可以用来检测皮肤色素异常等。

3

护肤之底线

线下活动的乐趣在于可以和很多粉丝互动、沟通，线下交流比在网络上更加亲密。我的每一次沙龙，都至少会有五六个身患子宫内膜异位症、纤维肌痛、抑郁、焦虑或其他严重疾病（如多发性硬化症）的粉丝，克服重重困难来参加。

> **老实说，我提倡在特殊情况下仍然坚持护肤，都是为了让你感觉到日子有奔头。**

在那些你觉得没心情护肤的日子里，如“我要搬家”，或者“最近忙得晕头转向”、“情绪低落”，直接按最低标准护肤即可，不必太为难自己。当你做不到太多，但又想“做点什么”的时候，记住下边的这些基本底线，它们简单、有效，又省力。

洁面

可以用湿巾。是的，这是极少数不被我鄙视的时候。

RMS 美人终极卸妆湿巾（RMS Beauty[1] Ultimate Makeup Remover Wipes）只含椰油成分，如果你期望所用的产品能起到一定的护肤作用，那它比水质的湿巾效果要好。开袋前先用掌心焐热，以确保融化椰油成分，从而达到清洁效果。

WaterWipes 无味婴儿湿巾（WaterWipes[2] Unscented Baby Wipes）的主要成分是水，另外还含有一点葡萄柚籽提取物（一种天然皮肤调理剂），早产儿、新生

1 RMS Beauty 是著名的有机彩妆品牌，创始人为罗丝－玛丽·斯威夫特（Rose-Marie Swift），她也是杰出的化妆师。

2 WaterWipes 的品牌创始人是 Edward McCloskey，之所以创建这个品牌，据说是因为他女儿刚出生时就患上了严重的尿布疹，但经过一番苦苦找寻，在市场上并没有找到不含有害成分且适合婴儿敏感肌的湿巾，于是他决定自己制作。多年后，经过大量的努力、测试和科学研究，WaterWipes 诞生了。

儿和敏感皮肤都可以用，包括易患湿疹的皮肤，可以拿来清洁任何身体部位。

※ 请勿将湿巾投入马桶！

保湿

关于保湿，有很多物美价廉的好产品可以起到滋润、镇定的效果，而且不会对皮肤造成任何负担。你可以直接把它们拍在脸上，然后该干嘛干嘛。

> **任何情况下，随时随地做保湿。**

好物推荐

☆ 角鲨烷油（Squalane oil）是我最爱的油。它是一种非常轻质，且具有保湿功能的面油，是应对过敏、泛红、敏感肌的利器，适用于所有皮肤类型，而且它是无香味的，所以如果你对气味也很敏感的话，用角鲨烷油不会感到不适。稍微抹一点就能撑很久，不费钱。

☆ 理肤泉（Serozinc）蓝喷是一款特别优质的清爽保湿喷雾，适用于所有皮肤，而不仅仅只是官宣的油皮、混合皮。它喷溅出的柔和轻雾，可以带来很好的舒缓效果。不管什么时候，想喷就喷，不用非等到洁面后。

☆ 维蕾德的肌肤食品（Weleda Skin Food）系列能满足舒适、保湿两大要求。不需要其他功效的话，这是我最推荐的产品。如果你是油皮或混合皮，推荐用轻薄的版本（外包装颜色浅的那款）。说实话，这是大多数皮肤和护肤套件的必备品。使用前需要用手掌轻轻加热，我在前面（第 41 页）讲到护肤品不需要用掌心加热法则，此产品绝对是个例外。

4

什么时候开始抗衰?

抗衰，抗衰，抗衰! 这是各位姐妹的终极目标。但是，真正“抗衰”的成分不多，能做到减缓或者预防就非常不错了。

- **防晒霜**：从出生起就要防晒，但大多数护肤品研发人员不建议6个月以下的宝宝用防晒霜，所以我们能做的就是给孩子用衣物遮挡直射的阳光。
- **维生素A**：30岁以上女人手里都应该备几款维生素A产品，它被尊称为“护肤界的万金油”。除了SPF，这是美国FDA唯一允许宣称自己具有抗衰能力的成分。说实话，我宁愿不买洗碗机，也要买它。用得好，用得对，它可以逆转衰老的迹象，重建胶原蛋白，还可修复晒伤。喜欢晒太阳或者吸烟的人呢，可提早用起来。
- **乙醇酸、乳酸、水杨酸**：同样取决于生活方式和肤质类型。痤疮皮肤可直接外用水杨酸，至于另外两种酸，25岁之后可根据需要再用。正确使用优质的酸类产品对皮肤是有益的——当用作局部去角质产品时，它会提亮肤色，打通肌肤经脉，在某些产品中，有助于重建胶原蛋白。
- **维生素C和维生素E**：当你看到这行字的时候，不要犹豫，马上用起来吧，早用早好。两者都是抗氧化剂，因此属于“预防”类别。
- **烟酰胺**：又称为“尼克酰胺”，维生素B_3。它对皮肤最重要的作用就是美白，还可以刺激真皮层，进而增加细胞的脂肪含量，同时有助于保持水分。另外，由于它被证明可以增强表皮的屏障功能，因此通过防止细菌攻击可预防痤疮。一般可在25岁左右用，当然也要取决于自己的生活方式和皮肤类型。

对女性朋友来说，还有一件特别重要的事：机体合成胶原蛋白的能力直接与卵巢相关。生育能力最佳期，皮肤通常也是最佳状态；到了更年期、围绝经期，不仅仅皮肤，整个身体系统都会产生巨大的变化。进入更年期之后，胶原蛋白含量直线下降。这就好比随着时间的推移，支撑你面部结构的骨架在慢慢散掉。

所以，**从月经初潮起就应该关注自己的皮肤**，这样才能在35岁之前打好底子。

> **再说一遍：防晒！这是最重要的事！**

还有，你吸烟吗？戒掉！遵从上述建议，现在就开始行动！

5 各种“痘”

> 痘、丘疹、脓疱、风团（荨麻疹）、粉刺、粟粒疹。皮肤，尤其脸上，会时不时地冒出来各种让你心烦的斑斑点点。

这里并不是专门针对粉刺、黑头，或者脓疱，还有偶尔蹦出来的一个或几个“小包包”：刚开始是一个“肿块”，有点儿疼，然后变红、更疼，之后会隐约冒头，露出一点儿白头。

一般来说，你会：

- 刺破（然后留疤）
- 戳一戳（等于什么也没做）
- 挤出来（挤得太早，皮肤会有瘀伤，还会留疤）
- 涂茶树精油（没必要，可能并非细菌引起）
- 采取祛痘方案（见上文）
- 犯大忌——涂牙膏（使不得）

这些“亲友”下次再来访时，你只需要：

- 一双手
- 正在用的润肤霜 / 优质面油
- 遮瑕膏
- 十分耐心

给皮肤保湿，再不保湿就来不及啦。

相信我，对付下巴上那些每月如约而至的小痘痘，保湿有奇效。保湿能够软化痘痘周围的皮肤，要么让痘痘直接消退，要么使其更快冒头，一旦冒头，我认为就可以动手了（见第 146—149 页“挤痘”部分）。

警告

“痘”冒头之后再挤，不会有很强烈的疼痛感，几乎不会造成不适。

如果挤痘时感觉疼，说明时机尚未成熟，要马上停止。小心造成瘀伤，甚至留疤。

如若出血，请立即停止。等待结痂，温柔待之。

粟粒疹一定、一定不能挤（见第 122—123 页）！可寻求专业人士的帮助。

当你感觉到皮肤下像有一座岩浆翻滚的小火山时，给它一个爆发的机会吧！然后小心、温柔地对待它。至于牙膏，留给牙齿就好。Please！

如何挤痘？

所有皮肤科医生都会说，我也会说“痘痘不要挤，不要挤”，但其实我们心里都明白：你肯定挤，我也肯定挤，整个美容行业也都知道，只不过假装不知道照常给建议罢了。我知道有些人能克制住自己，但也只有那么一小撮，就像吃甜甜圈不舔嘴唇，或吃水果糖不嚼碎的人一样少。我们挤痘一族真不清楚他们是怎么忍住的。

> 我是挤痘一族的成员，一直都是。在这里，我向你们坦诚交代。

我之所以知道很多人都有挤痘经历，是因为大部分人对我都很诚实，而且在说到这件事的时候，向我投以“千万不要骂我”的眼神。既然如此，我实在没有“装”的必要，下面来介绍我的挤痘方法，供你参考。不过，风险自付。

请记住：挤痘**是将其“弹”出，而不是“掐”出**。二者目的看起来一致，但效果大相径庭。怎么讲呢？

弹出——“啊！我看到一个白头！它是从哪儿爆出来的？感觉可以挤出来，我试试！成功！干得漂亮！”然后继续日常护肤。

掐出——“下巴上的红疙瘩疼死个人！必须搞掉它！垃圾荷尔蒙，收拾你！”（艰难地挤痘过程）“啊啊啊！唉，回头再来一遍吧。天哪！这里还有一个，我再试试这个！”（鼓捣第二颗痘痘，直到流血）“啊啊啊！唉，没意思，我的脸为什么这么折腾我？”还不停地用带细菌的手指戳来戳去 。

如果你是后者，显然犯了一个低级错误。试想，蛋糕还没胀起来之前就急匆匆打开烤箱门会怎样？耐心一点，心急吃不了“美味”。

以下是一些简单的建议，可以帮你轻松达到最佳效果（但仍要记住，每个人的皮肤都是不同的）。这些建议可能会与品牌方在广告中所说的相悖，不过无妨。

挤痘步骤：

“干净”是第一法则：手要干净，皮肤要干净，毛巾要干净，纸巾也要干净。准备好酸和棉片，或者现成的湿敷酸性棉片，还有优质（非矿物油）面油。

- 最简单的挤痘方法是把它融入日常护肤流程，可以放在早上或晚上，千万不要趁午餐间隙在洗手间挤痘。
- 用干净的毛巾轻轻擦拭白头，如果毛巾没能擦掉或是擦到的时候很疼，这就是一个信号，说明现在可能为时尚早，这个痘痘还没“熟”，正在沿着真皮层食物链努力向上生长，并抓紧发炎。
- 如果有的痘痘轻触时感觉不到疼，且凭感觉不会太“嫩”，那么在干净的环境下，腰斩，用两个食指将其“拿下”。
- 手指的位置很重要。手指太靠近痘痘是挤痘之大忌。两根手指都放在痘痘上使劲挤，能挤出的白头少得可怜，而且里面的东西几乎都会被反推回去，手指靠得太近，挤痘效果不好。
- 不能使用指甲，只用指腹部位。
- 手指位置取决于痘痘的位置。一般来说，应将手指放在痘痘的两侧，这时你应该能看到痘痘的全貌。轻轻地往里推压，然后转 90 度，从痘痘底部竖直向上推。时机把握得当，就能挤出分泌物。轻轻地重复以上动作，当白色黏稠物变为粉红色时，立即停止！
- 如果出血（其实已经晚了，但亡羊亦可补牢），立即停下来。
- 现在你要赶快行动起来，用含酸爽肤水浸湿的棉片（或酸性湿敷棉片）紧贴于患处，敷严，犹如打石膏或蜡条一样紧贴皮肤，保持几秒钟，然后翻个面再按上，流血的话就再保持一会儿。我以前会一边敷化妆棉一边泡茶，静待皮肤镇定下来。挤痘涉及的皮肤面积越大，需要按压的时间就越长。

注意：这时刷酸可能会有些刺痛，不过没关系，坚持一会儿。酸有助于杀死细菌，帮助创面愈合，为下一步涂抹面油打好基础。

刷酸后好好享受攻下堡垒后喜悦的时刻吧！

- 下一步，涂面部护理油。让痘痘干燥的产品我一般不用，因为痘痘变干，就代表痘痘周围的区域也变干了，后续可能会缺水且出现炎症，这个区域也会迅速成为细菌和疤痕的温床。水润的皮肤很少留疤，干燥的皮肤却常常留疤，就是这个道理。
- 取下化妆棉片，在患处涂上你选好的油。
- 用力按摩。这个时候不能太娇气，用力按摩痘痘及周围区域。

- 然后根据自己的时间安排，完成日常护肤流程。我一般会尽量在早上没化妆、居家工作时或晚间喝茶时挤痘。
- 最好是趁时间比较宽松的时候挤，因为还要涂面油，时间充裕的话，方便吸收后补涂。涂上面油，等待皮肤吸收。再涂一遍，再等待皮肤吸收。如果可以的话，至少重复三次。
- 第一天或者第二天早晨，你会看到这个地方流出一些黏性的物质，形如“迷你火山”。先蘸点酸擦掉，再涂上护理油。这听起来好像有点麻烦，其实只需几秒而已。况且，能加速痘痘愈合，防止形成疤痕，值得的。
- 如果有个痘痘已经“熟”了，可以挤掉了，但你却必须去上班，没关系，完成平时的护肤工作，化妆也没有问题，不用避开痘痘。下班回家立即卸妆，再按上述步骤挤痘。这时痘痘可能非常好挤，或者根本不用挤就要消失了。慢慢来，别心急，就算是登珠穆朗玛峰，也要一步一步慢慢爬才行啊。

根据我的经验，拔干皮肤的产品有时不起效，还可能造成更严重的伤害，所以我一般会选用油性产品。这种产品要么会使痘痘膨胀，迫使里面的黏稠物及早出现；要么油会使痘痘沉静下来，并驱散剩余的残留物。

> 无论几岁，战“痘”都很爽。
> 呵护它，治愈它！

Lait-Crème
Concentré
Glossier.
Glossier.
FENTY BEAUTY
Glossier.
futuredew
30 ml 1 fl oz
KEVYN AUCOIN
GLASS GLOW FACE
ILLUMINATEUR VISAGE
ECLAT INTENSE
COSMETICS
THE
KEVYN AUCOI
laura mercier

Chapter 4

护肤工具包

『护肤就像蒸包子，馅比皮重要！』

1
你真正需要什么样的护肤品？

现在你应该对怎样护肤和不同年龄段该做什么事有了一定的了解，那么下一个问题就是用什么？

选什么护肤品值得你去费心思。它就像选文胸或者做发型，是极为个性化的，一旦选定，要伴你数月，而且它日日都会作用于你的肌肤，不论明显与否。

> *关爱皮肤健康，养成护肤习惯，此为我们的终生课题。*

我们的皮肤不是品牌包包，购买护肤品更应该看成分与配方，而不是广告。前面的内容已经给了我们很多基础信息，包括护肤流程、需要应付的肌肤问题，以及护肤重点，等等。接下来，我们还应该知道如何判断一种护肤品是否有效。

在选购护肤品时，无论你是刚刚开始的小白，还是经验老到的达人，都要注意财务的“可持续性”。一方面，不要将钱挥霍在一款“奢侈品”上；另一方面，在真正应该投资的地方也不要偷工减料。**再说一遍：日常护肤的中间部分是你真正需要投资的地方**。此外，除了洗浴用品，其他的护肤品尽量不要放在浴室，因为浴室温度一般都比较高。

本章专门为你设计护肤工具包。**我会讲一讲每种产品有何功效，应该为哪些产品投资**；如果需要节省，可以省在哪儿。遵循这些基本规则，你会发现，你不仅能将护肤品的功效发挥到最大，而且在这个过程中你也会十分愉快。

2

必需的护肤装备

> 护肤装备可以丰富，亦可简约。

经常有人问我：“如果只选三种护肤品，你要什么？”我想，应该是一款优质洁面膏、一款好用的类视黄醇和一管 SPF50 的防晒霜。如果时间倒退 30 年，我会选择洗面奶、爽肤水和质地厚重的保湿面霜。总体原则就是，护肤品的使用不**能从一而终，应该跟着年龄走**。对于护肤新手，如果不清楚自己需要什么，下边我来告诉你。

青春期—25 岁以前

- **优质的眼部卸妆液**。可以是以化学配方为主导的品牌，也可以是药妆品牌，不一定很贵。不怎么化妆的人，可忽略本条。
- **好用的洁面**。若是预算不充裕，可以用它洁面加卸眼妆。不过这个年龄段的年轻人通常喜欢浓浓的眼妆，一定要保证充分卸干净才行。
- **酸**。如果脸上长痤疮或者周期性爆痘，可以用酸类产品。这个年龄段还用不上乙醇酸，可以先从温和的乳酸或水杨酸用起，且不需要每天都用。
- **保湿面霜或轻薄的保湿乳液**。根据肤质类型选择。
- **防晒霜**。挑选一款 SPF50 的防晒霜，最低不能低于 SPF30。现在“栽树”，以后“乘凉”。现在认真防晒，以后既省心又省钱。

补充推荐：

好用的抗氧化产品：推荐维生素 C 精华。虽然对这个年纪的朋友来说并非必需的，但如果从 20 岁便开始抗氧化，肌肤未来的状态会比同龄人好很多。

25—35 岁

- 优质的**眼部卸妆液**、用作**初次洁面的卸妆液**。
- 质地轻柔的**二次洁面产品**，也可用于早晚无须卸妆、卸防晒霜时用。
- **酸**。日常洁面后刷温和的酸。25—35 岁就可以用乙醇酸了，当然，乳酸和水杨酸仍然适用。
- **抗氧化精华**。维生素 C 和烟酰胺成分的产品都不错。
- **多分子透明质酸精华**。30 岁前后，皮肤保油、保水的能力逐渐下降，透明质酸能帮助肌肤有效提升肌肤的丰盈感，是你皮肤的密友。
- **眼霜**。预算实在有限的情况下，眼霜为“可选”项，但是戴眼镜和经常在户外的姐妹非常有必要买一只。
- **维生素 A/ 视黄醇产品**。它对于生活方式健康的朋友可能还不是必需品，但是 30 岁 +、喜欢日光浴、有吸烟习惯的朋友，有必要选择一款维生素 A 产品了。
- **保湿霜**。根据肤质选择。
- **防晒霜**。和 25 岁之前一样，建议使用 SPF50 的防晒产品，SPF30 为底线。

补充推荐：

1. 冬天或觉得有必要时，选择一款轻薄的面部护理油。早上，在抹保湿霜前用，几滴即可；晚间，可以用它来结束一天的护肤工作。

2. 含透明质酸的保湿喷雾，可保肌肤水润。透明质酸是一种强效保湿剂，是防止经皮水分流失的重要武器。它有助于将现有水分锁定到皮肤细胞中，使其无法蒸发。

35—40 岁

- 优质的**眼部卸妆液**和用作**初次洁面的卸妆液**。
- 温和、质地轻柔的**洁面产品**，可用于早上的洁面，也可以用于晚上的二次洁面。

- **酸**。对于 35—45 岁的朋友来说，乙醇酸、乳酸或多羟基酸都可以用，根据皮肤的需求挑选（酸的更多信息详见第 167—174 页）。
- **含透明质酸的面部喷雾**。在这个年龄段，我们皮肤的保水能力进一步下降，透明质酸喷雾可以帮助肌肤补充丢失的水分。不要把白开水喷在脸上，水和透明质酸完全是两码事。从标签上寻找有“透明质酸”字样的产品。
- 好的**抗氧化精华**。**把钱花在这一项上！**选择优质的含烟酰胺 / 维生素 C/ 白藜芦醇等成分的产品，每日使用。
- 优质的**透明质酸口服液**。35—45 岁的人更容易出现经皮水分散失的问题，可以每天口服一定量的透明质酸补充剂。不要听人推销就去买那些便宜货，它们很可能成分单一且浓稠。如果它太厚重，分子太大，就不容易被人体吸收。
- **面部护理油**。见效最快，**护肤最佳拍档非它莫属**。
- **眼部产品**。你会发现，35—45 岁时更需要眼部产品的呵护。选择质地较为轻薄的凝胶或霜。厚重膏状的眼霜虽然感觉高级奢侈，但可能会让敏感的眼下区域负担过重。
- **维生素 A/ 维生素 A 酸产品**。**此年龄层的人必备**。
- **保湿面霜**。根据肤质需要选择。
- **防晒产品**。**十分关键，不可或缺**。

40 岁 +—90 岁 +

- 优质的**眼部卸妆液**，用作初次洁面的**脸部卸妆液**或**洁面膏**。40 岁后，皮肤更喜欢质地较厚的膏状产品。
- 质地轻柔的**二次洁面产品**，于早晚无须卸妆、卸防晒霜时用。
- **酸**。可以用乙醇酸、乳酸和多羟基酸，帮助肌肤对抗衰老。
- **透明质酸喷雾**。为肌肤补充水分。
- **眼部产品**。可以用啫喱状或质地轻薄的。厚重感的眼霜并不适合这个年龄层的人。
- **维生素 A/ 维生素 A 酸产品**。**必不可少!** 在这个年龄，皮肤细胞的更新速度极为缓慢，维生素 A 是最佳选择! **选它**!

- **面部护理油。必不可少！**它能让衰老的肌肤焕发新生，重现光泽。关于面油，我多啰唆一句：你可以随时随地买到便宜的，但在我看来，很多便宜货与那种由医生、美容专家参与研发的女王级面油完全不是同一世界的产品。
- **优质的抗氧化精华。**抗氧化仍然是这个年龄段的重要任务。
- **优质的祛斑精华、祛斑产品。**
- **优质的透明质酸产品。**
- 适合你皮肤类型的**保湿霜**。记住：要挑价格稍高的。夜间护肤还可以用晚霜，但晚霜并非必需品，它也并不便宜。当然，在你不缺钱的前提下，要买好的。

3

面部清洁产品

面部清洁产品的作用是清除脸上所有的化妆品、污垢和油垢。选产品时，应以自己的生活习惯为准，同时还应关注自身肌肤的真正需求。

膏、油质洁面产品

这两种质地的产品对卸妆和清除防晒霜效果很好，但对油皮和痤疮皮来说，可能显得过于厚重。我倾向于在晚上初次清洁时用它们。

霜（CREAMS）[1]质洁面产品

这类洁面产品不挑肤质，卸妆与洁肤功能都很出色。

奶（MILK）或乳（LOTIONS）类洁面产品

奶、乳类洁面产品流动性强、柔和，可以用来卸妆与清除防晒霜、清洁肌肤，也方便涂抹和清洗。

啫喱类洁面产品

一般来说，洁面啫喱可被用作早间清洁或晚间二次清洁的产品，是混合皮和油皮肌的首选。

胶束水

胶束水是油和水混合的液体卸妆液，只能用于初次清洁，不推荐日常洁面用。

1 “cleansing milk”（洁面乳）与“cleansing cream”（洁面霜）可互换使用，但有一些差异是必须理解的。除了质地不同外，洁面乳由润肤剂和油脂制成，而洁面霜往往含有较重的蜡和闭塞性油脂。它们都适合不同肤质，但洁面霜往往对皮肤敏感的人更友好一些。

| 我给商家一句忠告：起泡是洗洁精该干的事，而不是洗面奶，泡沫洗面奶并不是痤疮肌的标配，请勿反复推销同一配方给所有人。

好物推荐

☆ Pixi + 卡罗琳·海伦斯双重清洁
(Pixi + Caroline Hirons Double Cleanse) [1]

☆ 凯特·萨默维尔 山羊奶洁面乳
(Kate Somerville Goat Milk Cleanser)

☆ OSKIA 文艺复兴洁面啫喱
(OSKIA Renaissance Cleansing Gel)

☆ 美体小铺 洋甘菊卸妆膏
(The Body Shop Camomile Sumpituous Cleansing Butter)

☆ 艾玛·哈迪 辣木洁面膏
(Emma Hardie Moringa Cleansing Balm)

☆ 乔安娜·巴尔加斯 维 C 洁面乳
(Joanna Vargas Vitamin C Face Wash)

☆ The Ordinary 角鲨烷洁面乳
(The Ordinary Squalane Cleanser)

☆ 美丽派 日系 Pure Transforming 洁面乳
(Beauty Pie[2] Japanfusion Pure Transforming[3])

☆ 美丽派 杏仁油洁面膏
(Beauty Pie Plantastic Apricot Butter Cleansing Balm)

☆ 塔塔哈珀——洁面产品样样能打!
(Tata Harper)

☆ 倩碧 TTDO 卸妆膏（昵称为“紫胖子卸妆膏”）
(Clinique Take The Day Off Cleansing Balm)

---

1 由 Caroline Hirons 创造的二合一的双重洁面产品，是灌装形式，一侧为固体卸妆油，另一侧则为高级洁面霜，方便双重清洁。

2 Beauty Pie 成立于 2016 年，总部位于伦敦。它的商业模式是先从生产商采购高端产品，然后以自己的自有品牌销售。

3 此产品是 Beauty Pie 的畅销品。它是一款三重质地的温和卸妆乳，刚开始用时为凝胶状，经按摩后会转化为油，加水后就会变成奶乳状。

| 误区 | 神奇的免洗胶束水真的可以搞定卸妆、洁面吗？

每天都有人因某篇歌颂胶束水（也就是免洗卸妆水）、新款清洁剂或卸妆湿巾（上帝啊，湿巾又又又来了！）的推文在 Twitter 或 Instagram 上“圈”我。这些我都尽量去读，有时一笑置之，有时所见略同，但“神奇的胶束水可以无条件洁面”的观点，我断然不能苟同。

胶束水是为方便无水洁面的特殊场合而设计，比如时装秀的后台（正因如此，贝德玛知名度颇高）、节日庆典等。

首先，我都不理解为什么有人觉得这种产品比正常洗脸洗得更干净，而且更快。蘸湿棉片在额头快速擦几下肯定是洗不干净的。我每次活动结束，在后台卸妆时，至少需要两张化妆棉、正反面都用、四组卸妆动作才觉得差不多 OK，一点也不快。用棉片反复摩擦面部，不仅不能保养肌肤，甚至会“吃痛”。

这种卸妆水成分复杂，大部分都有香精，有些甚至还含有酒精。不到万不得已，尽量不用吧。

> **办公室里、飞机上、健身房里——这种胶束水倒是可以派上用场，但也只能充当临时替代品，不宜常用。**

4

喷雾

喷雾能令皮肤水润，并且经济实惠、简单易用。它可以用在酸之后，不用酸的人或不用酸的日子，也是理想的肌肤营养剂。洁面之后、精华前后、保湿霜前后，甚至化妆前后，喷雾都可以单独使用。在飞机上、车里、办公室，不管是热的时候，还是冷的时候……只要觉得皮肤不够水润，无论何时何地，想喷就喷！

有些喷雾主要是添加了锌、镁等矿物质的纯净水，有些则添加了肽、米糠油、玫瑰油等，价格往往更“哇哦”。大部分喷雾通常含有透明质酸、甘油，以及其他保湿因子。

它们往往被贴上“保湿喷雾”“面部喷雾”“喷雾精华”等标签。

好物推荐

☆ 理肤泉 特安系列 Ultra 8 敏感肌专用喷雾 (La Roche-Posay TolerianeUltra 8 Face Mist) [1]
☆ 理肤泉 蓝喷 (La Roche-Posay Serozinc)
☆ 乔什·罗斯布鲁克 强效补水喷雾 (Josh Rosebrook Hydrating Accelerator)
☆ 尘埃之母 AO + 修复喷雾 (Mother Dirt AO + Mist) [2]
☆ 一月实验室 滋养修复喷雾 (January Labs Restorative Tonic Mist) [3]

1 适用于敏感皮肤的保湿喷雾，含有 8 种基本成分。

2 这是一种活性益生菌喷雾剂，由生物技术公司 AOBiome 研发。AOBiome 是一家总部位于波士顿的公司，专注于通过研发恢复氨氧化细菌（AOB）的产品来促进人类健康。Mother Dirt 是 AOBiome 的子公司。

3 这是一款不含酒精的面部喷雾。

M SILENT
VARIDESK.com
ProPlus 36

为什么我不喜欢电动洁面仪？

电动洁面仪，也叫洗脸刷，是一种所谓的新型“美容工具”，其头部可以旋转，被宣传有去角质、“深层清洁”之功效。既然如此，为什么**我对洁面仪不“感冒”**呢？因为：

- **皮肤很娇嫩，不必大动干戈做机械磨砂。**柔软的双手足够你用了。
- **过度使用洁面仪会破坏肌肤表层的酸性环境。**洁面仪真的是在“净化”肌肤吗？非也！皮肤没净化成，发炎倒是可能的。如果用了一款昂贵的保湿霜之后脸上突然过敏、长痘，你肯定会又气又急，之后果断弃用、退货，或投诉商家。面霜越贵，你就越生气。可是，如果你去找洁面仪的店家退货，得到的回复大抵都是：“再换个刷头就好了”“你需要一个更轻柔点的刷头”…… 精明的卖家反而会引导你再次消费，反正这口锅已经甩给你了！
- **商家往往针对痤疮肌做推销。**“嘿，想知道怎么对付粉刺吗？让电动洁面仪帮你，去油、去黑头、净化毛孔，效果堪比神仙水！简直完美！痤疮肌必备！”——这种不要脸的推销方式让我深以为耻。千万别信这些鬼话！它们不让你的痤疮加重就不错了。
- **商家只管卖货，不告诉买家注意事项。**网上很容易就能买到卖得最火的洁面仪，直接寄送到家，但没有专业人士为你讲解关键注意事项，这会导致种种潜在问题。在与读者和客户交流时我发现，这种“美容工具”是最容易被滥用的产品之一。
- **洁面仪刷头藏污纳垢。**有多少人能做到正确清洗刷头？等刷头干了，细菌就会自动死掉？非也！想想毛巾连续用两周却不洗的样子。不嫌脏的勇士们觉得刷头会“自动变干净”？
- **与洁面仪配套的洗面奶实在太差。**真的太差了！这一点怎么强调都不为过。商家想的是："怎样才能赚更多钱？""啊！知道了。咱们自己做产品套餐卖，定义为最佳配套产品。既能赚钱，还有噱头。OMG，简直太聪明了！"然后消费者就会满含期待地拿到一种泡沫丰富的洁面剂和一个大功率的电动旋转装置。

> 就好像商家围坐在一起商量："怎么做才能惹恼皮肤？唉，怎么做呢？钢丝球加洗涤灵？"

人们为什么如此热衷于用洁面仪？

人们热衷于用洁面仪有以下几个因素：

- 洁面仪有定时系统，很多人接受了太多不准确的信息，认为皮肤太脏，而它可以深入毛孔彻底给肌肤"洗澡"。可是，我们的皮肤真的没有那么脏，正常洗脸就OK。
- 从不用毛巾，也不用含酸爽肤水的话，洁面仪的确能为皮肤去除多余的角质。第一次使用，甚至会有畅快呼吸的感觉。可是，护肤品和手也完全做得到这些，何必去磨皮呢？
- 市场营销。朋友人手一个，广告铺天盖地，所以，我也要！"哇，蜜桃粉！"另一个男声又说："哇！还有黑色款！"
- 广告为何会铺天盖地？背地里都是生意！在巨额利益的驱动下，品牌方、零售商自然会卖力吆喝。比如，当导购积极向你推销洗脸仪时，我敢说，他们仅是把你当作冲业绩的救星。他们在说"这款产品适合您"的时候，甚至都没好好观察你的肤质如何。

当然，洁面仪可以备一个，但不必像牙刷那样高频使用。我的建议你当然可择其适者而听之。有人非常信赖它，那大可不必因为我的叨叨而弃用。就像我常说的，未损勿修。

但是，如果你的洁面仪早已被束之高阁，不如找出来，磨磨脚跟的厚茧，特好用。

我一直认为，未来的几年，红血丝、不破头的顽固粉刺、酒渣鼻会越来越多，这很可能与洁面仪有关。

如果你患有湿疹、痤疮或酒渣鼻，如果你还保有一丝理智，不要动买洁面仪的念头！不要管导购说得多么天花乱坠！

还有一样东西我不喜欢：玉石（滚轮）按摩棒，或类似的矿石、水晶按摩棒。要是特别喜欢它们按摩肌肤的感觉，没问题，请继续使用。它们无任何伤害作用。

但是品牌方说“它们能促进血液循环，令皮肤光泽水润”，或者“有提拉作用”，这就是满嘴谎言了。听听就行，千万别当真。

我们要做的就是辨析谣言与真相，理智看待“网红”。

|误区| 等候名单

这是一些新产品在上市前的宣传套路：卖家晒出长长的“等候名单”，用来证明成千上万人在翘首以待。同时，关于该产品的宣传在一段时间内也会充斥在各种媒体上。

是真的吗?

所谓的“等候名单”，其实并不存在，至少不像宣传的那么夸张。作为一个在护肤界摸爬滚打一辈子的过来人，我想告诉你：根本没有这样一份名单。名单的说法只不过是商家耍的手段。

| 都是噱头！他们只是利用你不甘落于人后的心理而已。

如果一款护肤产品开放预售，并且要先付钱再发货，仅从技术上讲，的确会有一个“等候名单”，比如最新款 iPhone（本书写成时）在发售的第一个周末就售出了 1000 万部，其中包含大部分的预售订单（已付全款或定金），这才算是实打实的“等候名单”。不过在护肤界，到目前为止我还没发现有这么强势的产品出现。如果一种护肤品真的很受欢迎，基本上都会通过口碑传播。

所以，哪有什么等候名单。

谣言，止于智者。

5 酸

“酸”，这个字容易让人联想到冒泡的化学试管和可怕的灼伤。我理解，但不必紧张！实际上，当正确刷酸时，它可以成为护肤品中最有益的成分之一，是对抗粉刺、皱纹、老年斑、疤痕、肤色不均等各路妖魔的神奇力量。

酸类产品不是新概念，从1970年开始，就有第一代酸了，如原液之谜（Biologique Recherche）推出的P50含酸爽肤水。这些年来，我也一直在推荐与酸相关的产品。谢天谢地，它们也势头强劲，越来越受重视。

酸的去角质功能源于“化学换肤”（果酸换肤）这一专业概念，日常“刷酸”现在已经成为护肤流程的关键环节。“Acid Toing”（含酸爽肤水）这两个词的出现，就是为了让人们更容易理解它的功能，即在清洁之后，液态酸类护肤品基本上可以取代传统形式上的爽肤水。

试着买两种（三种最佳）日常护肤酸：晚上用强度大的，白天用强度稍小的，第三种可以与以上两种交替用。不同强度的酸对皮肤有不同程度的影响，你需要根据肌肤的感觉来调整使用。

酸主要分为三种类型：

α- 羟基酸（AHAs）

AHA代表α- 羟基酸，是最常用的一种护肤酸。乙醇酸、柠檬酸、苦杏仁酸、苹果酸、酒石酸和乳酸都属于AHA家族。α- 羟基酸能促进陈旧的死皮剥落，刺激胶原蛋白和糖胺聚糖的形成，还可以增强角质层（表皮的最外层）的屏障功能，并预防皮肤的过度角化。它是应用最广的抗衰酸之一。

> 皮肤若有老化迹象，用α－羟基酸！

『给皮肤刷酸，
就像带着皮肤去健身。』

β– 羟基酸（BHA）

BHA代表β-羟基酸，提取自柳树皮、冬青叶或甜桦树皮。它与α-羟基酸一样，可清除皮肤表面的老化角质，与之不同的是，它是脂（油）溶性的，且有天然的抗炎特性，所以更擅长溶解污垢及多余皮脂，也可以缓解一般的发红和炎症，对痤疮、毛周角化病，以及其他毛孔阻塞问题效果显著。

| 想改善肌肤瑕疵，对抗痘痘或痤疮，用 β－羟基酸！

多羟基酸（PHAs）

PHAs是新一代的α-羟基酸。它具有更大的分子，因此不会像α-羟基酸那样深入渗透，其吸收速度也较慢，这使得它基本无刺激。它可以支持并保护基质周围的胶原蛋白，帮助皮肤恢复屏障功能，防止胶原蛋白降解。在所有的护肤酸中，多羟基酸最具多面手的特点，功效很广。葡萄糖酸内酯、半乳糖和乳糖酸都属于多羟基酸。它适合抗衰肌、敏感肌和脱水皮肤。

| 敏感肌想刷酸，用多羟基酸！

以上几种酸有什么区别？

所有护肤酸都有一个共性——化学去角质剂，但是作业方式并不相同。α-羟基酸是水溶性（作用于皮肤表面）的有机化合物，除乙醇酸外，其他酸皆不能打入皮肤内部。β-羟基酸是脂（油）溶性的，能清除、溶解多余的皮脂，疏通毛孔，对油皮和痤疮肌特别有效。它比α-羟基酸更具侵略性。

多羟基酸分子较大，所以渗透速度缓慢，更适合敏感肌。它也是很好的保湿剂（为皮肤吸收水分提供助力），是干燥、脱水皮的优选。

以上内容并不是酸的全部，根据酸的成分，我们还可以继续分解。

乙醇酸（AHA）

乙醇酸是 α- 羟基酸家族中分子最小的，是最有效的 α- 羟基酸。它能深入渗透肌肤并刺激成纤维细胞，帮助胶原蛋白的生成。乙醇酸通过增加细胞更新的方式去除角质，帮助均匀肤色，并在真皮基质[1]中建立支撑结构，从而减少皱纹。

乙醇酸是唯一使肌肤对阳光更敏感的酸（更容易受到阳光侵害）。

> 30 或 35 岁以上的朋友想对抗衰老，用乙醇酸！

另外，虽然乙醇酸并不是治疗痤疮的首选，但是，因为它还具有抗菌性能和疏通毛孔的能力，可预防粉刺爆发，所以许多治痤产品中也含乙醇酸。

乳酸（AHA）

在历史上，乳酸来自乳糖发酵——是一种存在于牛奶中的碳水化合物。现在护肤品中的乳酸通常是合成的，这意味着更好的稳定性。乳酸可以溶解死皮细胞间的胶状物质，为温和去角质创造环境，并像吃豆人（Pac-Man）[2]一样轻轻“吃掉”它。它是 α- 羟基酸家族最温和的成员，且更保湿，特别适用于暗沉肌、脱水肌、干燥肌、敏感肌。

> 肤色暗沉，干燥脱水，用乳酸！

针对痤疮患者，许多医生在用抗生素治疗的同时，还会开出低浓度的乳酸化学换肤处方。临床研究已经证实，乳酸对改善痤疮患者的皮肤质地很有帮助，并可以减少多达 90% 的炎症性病变。

苦杏仁酸（AHA）

苦杏仁酸是脂溶性的，由杏仁提炼而成，对油皮姐妹来说是优选。皮肤再油

1　基质是皮肤中（包括表皮）为所有细胞提供营养并促进新陈代谢的物质。

2　经典街机游戏，玩家需要控制游戏的主角小精灵，让其吃掉迷宫里面所有的豆子，并且不能被幽灵抓到。

腻，苦杏仁酸都能穿透。苦杏仁酸还能抗菌，对炎症性痤疮有帮助。经常用苦杏仁酸，可以减少皮肤出油，又不会令皮肤过于干燥。

> 油皮无痘肌，用苦杏仁酸！（可以放心地配合使用 β－羟基酸！）

柠檬酸（AHA）

柠檬酸有助于修复晒伤的皮肤，改善真皮基质的质量，也是抗氧化剂的良好来源。不过，柠檬酸也经常被用作防腐剂[1]来使用。看看产品成分标签上有没有特别提到柠檬酸，如果没有，则可能只是用作了防腐剂。你也无需特意寻找它，因为很多化妆品都含有这一成分。

酒石酸和苹果酸（AHAs）

酒石酸和苹果酸主要来自葡萄、苹果、梨和樱桃，虽然是比较温和的 α- 羟基酸，但是抗氧化能力绝不含糊。它们在护肤品配方中并非关键成分，所以不必专门寻找。

水杨酸（BHA）

水杨酸是脂溶性的，是痤疮的克星。它会穿透油脂并渗入毛孔，溶解导致痤疮的皮脂和死皮混合物，同时稳定毛孔内壁，反过来也可以改善毛孔的外观。由于其大分子和抗炎特性，它十分温和，不会刺激已经发炎的皮肤。

> 长痘，用水杨酸！如果你生活在欧洲，可以用水杨酸替代氧化苯甲酰[2]！

葡萄糖酸内酯（PHA）

葡萄糖酸内酯是一种主要的抗氧化剂，是酸中的多面手。它由多种保湿羟基

1　柠檬酸的这一功能主要通过调节产品的 pH 值来实现。

2　氧化苯甲酰是一种抗菌成分，可以杀死毛孔内引起痤疮的细菌。它具有一定的刺激性，使用后皮肤易产生干燥、脱屑、红斑等症状，不适合敏感肌。

组成，可滋润皮肤，还能攻击自由基，保护皮肤免受紫外线伤害，增强皮肤的屏障功能。

经常用葡萄糖内酸酯，可以减少皮肤泛红现象，抑制导致皮肤松弛的弹性酶，帮助皮肤保持弹性。

> 敏感肌，用葡萄糖酸内酯！可配合其他产品一起用。

乳糖酸（PHA）

乳糖酸来自乳糖，是一种抗氧化剂，可以预防和淡化老化迹象，例如皱纹、色素沉着、毛孔粗大和肤色不均等，能够紧致皮肤，阻止胶原蛋白的降解。它还是一种天然的保湿剂。

> 皮肤脱水，用乳糖酸！

麦芽糖酸（PHA）

麦芽糖酸是保湿性最好的酸，具有抗氧化作用，可避免皮肤日晒后引起色素沉着，防止胶原蛋白分解。麦芽糖酸能改善肤质、紧致肌肤、提亮肤色、淡化皱纹。它常出现在配料表中，不需特别去寻找。它是干燥或脱水肌的优选。

其他“酸”

壬二酸和透明质酸，虽然名字带“酸”字，但不能去角质，所以不在此列。

刷酸的几个误区

大家最关心的几个问题中，有几个与酸有关，尤其是乙醇酸。下面我来澄清几个误区：

误区 1：乙醇酸会使皮肤变薄。

真相：乙醇酸会使（活的！）皮肤增厚。

它只会让皮肤最外面的死角质细胞脱落、变薄——而这正是我们要的——去除陈旧、堵塞、暗淡的死细胞，恢复容光焕发的肌肤。在去角质的同时，它还能修复因年龄增长而受损的皮肤成分，并同时刺激下层皮肤中健康细胞和胶原蛋白的产生，从而增加皮肤厚度，增强肌肤弹性。

用好乙醇酸，皮肤更光滑，更柔软，更年轻，肤色更均匀，更清澈，更饱满，更紧致，更有弹性，更少松弛。哇！

误区 2：如果刷酸，必须配合使用防晒系数不低于 30 的防晒霜，因为 α-羟基酸会增加皮肤对阳光的敏感。

真相：研究表明，使用 α- 羟基酸后，被晒伤的细胞的确会增多，不过不必担心，哪怕是最低水平的防晒霜，都足够抵御这些伤害，即便防晒系数只有个位数。

※ 特别指出，刷酸不意味着一定会被晒伤。不过这也不代表你可以停用防晒霜，无论如何，**防晒永远是头等大事**。

误区 3：α- 羟基酸会破坏皮肤屏障功能。

真相：美国 FDA 的研究显示，皮肤屏障功能不但没有遭到破坏，反而可修复并增强皮肤屏障功能。

误区 4：α- 羟基酸会让皮肤产生刺激反应。

真相：α- 羟基酸偶尔让皮肤有短暂的刺痛感，浓度高的话刺激性更大。但是正常情况下，这种刺痛是短暂的，不会有泛红现象，轻微的刺激也是（但不总是）它起效过程的一部分。

好物推荐

☆ 丹尼斯·格罗斯医生 果酸焕肤棉片（不同强度均有）
(Dr Dennis Gross Alpha Beta Peel)[1]

1 添加七种酸，适合各种皮肤（中性、干性、混合性和油性）。

☆ 原液之谜 P50 角质平衡液
(Biologique Recherche P50)

☆ 急救美人 焕肤棉片
(First Aid Beauty Facial Radiance Pads) [1]

☆ OSKIA 液体面膜
(OSKIA Liquid Mask) [2]

☆ Pixi 果酸光采焕肤去角质爽肤水
(Pixi Glow Tonic)

☆ 凯特·萨默维尔 强效去角质霜
(Kate Somerville Liquid ExfoliKate) [3]

☆ This Works 晨间专家多效焕肤棉片
(This Works Morning Expert Mulfi- Acid Acid Pads)

---

1 含有乳酸和乙醇酸。

2 含有 10% 乳酸。

3 好莱坞的明星产品。使用时将薄而均匀的一层产品涂抹在干净、湿润的脸上，以打圈的方式按摩 30 秒后（最多停留两分钟）冲洗，并拍干。

物美价“廉”

人人都喜欢物美价廉的东西，我也如此。便宜的东西当然可以买，但不要傻傻地认为廉价货可媲美所有大牛品牌。我敢打赌，这个概率很低。对护肤品来说，尤为如此。当然，如果花上千块钱买一款只含一种羟基酸的透明质酸产品，划算吗？傻透了！在这种情况下，物美价“廉”淘货的确可取。

好好读一读成分标签，标签能帮你找到真正的便宜好货。但如果你想要配方更复杂的产品，如精华，选择廉价货定会让你上当受骗，因为大多数都是仿品。包装正面虽印有高价产品配方中的关键成分，但这种关键成分含量极低。

允许自己“上当”的范畴仅限于化妆品、指甲油。对于一款经多年研究的大牛级高效护肤品，不存在“上当”这回事。我只能说，**一分钱一分货。**包装、行销的相似性，不意味着有相同的产品成分和功效。

当然，市场上也**有很多实惠的平价好品**，我也乐于推荐它们（本书中就有推荐）。它们简单却实在，**在为你解决某一方面问题时功效卓著。**但它们的成功是靠独特的产品创意（如省去几个花大钱的关键环节，就能节省产品成本，而不必附加在消费者身上），而不是欺骗。

『价格是“廉”，但是费“脸”』

6

维生素A与类视黄醇

这是我最常被问到的产品，也可能是最令人困惑的产品之一。类视黄醇（类维生素 A）是所有含维生素 A 衍生物的外用产品的通用术语。就像白糖、红糖和枫糖浆都是糖一样，你在包装上看到如视黄醇、视黄酸、视黄醛、视黄醇棕榈酸酯、维甲酸、视黄醇视黄酸酯（RR）、羟色松酮视黄酸酯（HPR）或阿达帕林等术语都是维生素 A 的衍生物，都属于类视黄醇家族。

> 维生素 A 产品起初在痤疮治疗中被发现了“有益”的副作用，之后被奉为“护肤金标”。科学证明，它们不仅可以逆转衰老迹象，还可以延缓衰老。

很多人向我求助，说她们不敢尝试维生素 A 产品，或者用过一次后有不良反应，从此不敢再尝试。不当使用的确会引起一些副作用，但如果用对了，就会发现它有其他产品**难以匹敌的功效**，至少目前是这样。

如何使用

- 洁面后使用，用前确保皮肤干燥（这很重要，如果用在潮湿的皮肤上，维生素 A 产品容易深入渗透到皮肤中，这增加了引发潜在刺激的可能）。
- 我一般会建议晚上用维生素 A 产品，但目前一些新配方称白天亦可使用。
- 坚持用防晒霜（早间护肤程序中）。
- 从低浓度、温和的产品开始，然后逐步提高。这也取决于类视黄醇的类型（见第 181—183 页）。
- 一般来说，坚持一个完整的使用周期（一管或一瓶）后，就足以建立皮肤

ESTEE LAUDER
Perfectionist Pro
Power A
High Potency Vitamin A
(Retinol)
Treatment Drops
PESTLE & MORTAR
SUPERSTAR
RETINOID NIGHT OIL
HUILE RETINOÏDE DE NUIT
Elizabeth Arden
NEW YORK
RETINOL
Medik8
RETINOL 10TR INTENSE
Supercharged 1% Vitamin A Serum
SKIN AGEING
fresh pressed
SKIA
LONDON
LEVEL 1
BEAUTY PIE
SUPER RETINOL
CERAMIDE-BOOST ANTI-AGING FACE SERUM
SÉRUM VISAGE ANTI-ÂGE PRO-CÉRAMIDES
PAULA'S CHOICE
BOOST
1% Retinol
BOOSTER
VITAMIN A + LICORICE
All Skin Types
15 ml / 0.5 fl. oz.

的耐受性，届时可更换强度更高的产品。

- 少即是多。如果你用的是医用强度的处方产品，医生一般建议用豌豆粒大小的量，使用非处方产品时可以适当加量。
- 用处方浓度的产品时，避开眼周、鼻孔周围、嘴角，以及颈部。

大多数人不敢用维生素 A 产品是因为初始阶段皮肤的刺激反应。但别忘了它的的核心功能是重塑皮肤，刺激胶原蛋白生成，改善衰老迹象。冰冻三尺非一日之寒，想要达到这些效果，并非一朝一夕之功。睡一觉就能年轻 10 岁，那是天方夜谭，发现有些许刺激迹象，这反倒是正常现象。但是努力不会白费，再耐心一些，就会看到效果。

刚开始用时皮肤可能出现什么状况?

- 发红
- 干燥
- 皮肤片状剥落
- 刺激反应（配方不同，反应程度不同）

其实以上反应均属正常，尚在可控范围之内，不用紧张，坚持下去。我是真心推荐这种产品，后招都替大家想好了！适应期可参考如下做法：

- 考虑用缓冲产品。如在用视黄醇之前或之后涂一层保湿面霜，弱化它的效力。
- 再说一次！不要用泡沫型洁面产品！因为它会让皮肤太干。
- 别用粉饼和厚重的粉底。这个阶段的皮肤简直像一块“丹麦起酥面包”，外皮酥脆、轻触掉渣。如果一定要化妆，建议把妆前乳换成优质的保湿霜。我个人觉得法国品牌 Embryolisse 的经典保湿霜 Lait Crème Concentrate[1] 非常好。在此情况下，矿物油底妆是一个加分项，因为矿物油能阻止皮肤吸取粉底的水分，避免卡粉。
- 油是个好帮手。角鲨烷油和霍霍巴油质地较轻，不像一些厚重的护肤油

---

1 该品牌在中国有“法国大宝”之称，可作为保湿霜、隔离打底、妆前乳，也适合敏感肌。

会影响视黄醇起效。在我使用视黄醇的日子里必备一瓶角鲨烷油，早晚都用。

适应期过后，皮肤会有怎样的反应呢?

- 光滑细嫩
- 更具光泽
- 皱纹变少
- 肤色均匀、弹性十足
- 丰盈
- 水润

多久用一次?

正如伟大的凯特·萨默维尔[1]所说，维生素 A 产品的使用频率要看年龄。20 多岁，一周两次；30 多岁，一周 3 次；40 多岁，一周 4 次……

用多久才起效?

年龄和皮肤状态不同，起效的速度也会有差异。

- 40 岁以上：1 个月
- 30—40 岁：2 周
- 20—30 岁：需要更长时间。是不是很迷惑？因为这个年龄段皮肤状态良好，提升空间小。

千万不要因为效果不是立竿见影就**擅自加大用量，提高使用频率。**

不妥！不可！

1　皮肤健康专家，同名护肤品牌“凯特·萨默维尔”（Kate Somerville）的创立者。

哪些迹象表明用量过大?

- 有人惊呼“Oh my god，你的脸怎么了”时。
- 使用普通的润肤霜时有刺痛感。
- 皮肤感觉灼烧、疼痛。这种感觉比干燥、不舒服严重，一摸就疼，风吹也会觉得疼。
- 鼻周或眼角、眼皮周围感到疼。
- 起泡 / 流血（立刻停用）。

停用之后多久能再次使用？要看反应的严重程度，以及在停用前你用了多长时间。皮肤恢复期要多用滋养型产品，等皮肤恢复正常后，就可以再次使用了，这可能需要几周或者更长时间。缓冲期需耐着性子慢慢来。

简洁版类视黄醇产品使用指南

护肤品中的维生素 A 衍生物组成了一个庞大的家族，但只需重点关注以下几位成员。

王

维甲酸（Tretinoin，维生素 A 酸 / 视黄酸 / 全反式维甲酸），又名“Tret”。它的成分猛，效力强，只能通过处方获得。维甲酸可加速细胞更新，快速去除皮肤老化角质，刺激胶原蛋白和弹性蛋白生成，可以用于痤疮、晒伤皮肤的治疗，也可以用于改善面部皱纹、细纹与黑斑等。

它有三种浓度，可以在皮肤科医生的指导下，从 0.025% 用起，逐步提升至 0.05%，再到 0.1%。它适用于大多数皮肤类型。

刺激性：强

猛将

视黄醛（Retinaldehyde，RAL），也称为“A 醛”，虽然不是老大，但战斗力毫不逊色，是超级强效成分。因为视黄醛只需要一个转化步骤，就会给你最接近视黄酸的效果。它的起效速度甚至比视黄醇快 11 倍，但相应的刺激性强。适合需要快速见效的老化肌肤。

刺激性：中

新秀

视黄醇视黄酸酯（Retinyl Retinoate, 又名：RR），是视黄酸和视黄醇的衍生物，也是维生素 A 家族里的新成员。目前，已被证明它比视黄醇具有更好的抗衰老活性，且更稳定、更活跃，刺激性更小，是家族中极有前途的新成员，值得尝试。

刺激性：中到低

表亲

羟基频哪酮视黄酸酯（hydroxypincolone retinoate, HPR），与“王”有亲缘关系，但不是它的“直系后代”，更像是其表亲。作为类视黄醇家族新一代抗衰成员，含羟基频哪酮视黄酸酯的产品有时浓度很高，因为它属于酯类（即油基产品）。也正是这个原因，这种产品更温和，且具有很强的稳定性，在保证功效的同时刺激性低，在眼周试用也很安全，非常适合敏感肌。

刺激性：低

小年轻

视黄醇（retinol），也叫“A 醇”。我叫它小年轻，是因为它经常令人上火，且强度不一。尽管如此，视黄醇仍是最我们常见的非处方的维生素 A 成分，一般有 0.3%，0.5% 和 1% 几种浓度。它的作用和上面那些更强的成分一样——只是需要更长时间才能见效。适合所有皮肤类型。

刺激性：高，也取决于浓度。

“绅士”莱因克尔[1]（没错，我是一个足球迷）

阿达帕林（Adapalene，商标名：达芙文 / Differin），就像莱因克尔一样绅士，与其他产品配合着用也不会吵架。它属于第三代维 A 酸类药物，不仅继承了上代维 A 酸的优良效果，还极大降低了刺激性。它在美国属于非处方产品，主要用于痤疮治疗，但事实证明，它还能改善皮肤老化，适合所有皮肤类型。

如果你在美国，并且正在寻找一种既容易购买，又安全的产品，那么阿达帕林是个不错的选择。

刺激性：相当低

维生素 A 产品好牌推荐

☆ 美迪绮 8（Medik8）
☆ 宝拉珍选（Paula's Choice）
☆ 美丽派（Beauty Pie）
☆ 修丽可（SkinCeuticals）
☆ 慕拉（Murad）

1 加里·莱因克尔（Gary Winston Lineker），英格兰前职业足球运动员，曾被评为 1986 年世界杯最佳射手，现已退役。莱因克尔在他球员生涯的 647 场比赛中，从未得到过红牌、黄牌，这在足球界十分罕见，他也因此被誉为“足球绅士”。

7 精华

精华是一种旨在提供高浓度活性成分并确保其直达肌肤的产品，最值得你投资！

作为日常护肤“修复”阶段的用品，具体选择哪种活性成分，取决于你的修复目的。因此在购买产品时，请认真查看标签，看看产品配方中是否含有符合你需求（皮肤类型和状况）的关键成分。

精华可以呈油状、凝胶或乳液状，一般均为液体。它的基本使用规则是尽可能薄涂。当然也有例外，使用前仔细阅读产品的使用说明。

好物推荐

以下品牌均有多种优质精华：

☆ 美丽派 (Beauty Pie)
☆ 修丽可 (SkinCeuticals)
☆ 薇姿 (Vichy)
☆ 慕拉 (Murad)
☆ 凯特•萨默维尔 (Kate Somerville)
☆ 美迪绮 8 (Medik8)
☆ 泽伦斯 (Zelens)
☆ 理肤泉 (La Roche-Posay)
☆ OSKIA (奥斯基亚)

8 润肤霜

润肤霜是用在防晒霜之前的补水保湿步骤，在此项上不必花费太高预算。它一般含以下三种主要成分：

润肤剂

润肤剂会在皮肤表皮细胞填满脂肪物质，即脂质，有效软化和治愈干燥、粗糙的皮肤，修复和加强皮肤的天然保护屏障，使其看起来和摸起来柔软光滑。

保湿剂

保湿剂是从空气或皮肤深处吸收水分的物质。透明质酸、甘油、α-羟基酸等都属于保湿剂。为了使保湿剂停留在皮肤上发挥作用，必须确保水分不会逃逸到空气中，这就是大多数产品将保湿剂与封闭剂结合使用的原因。大多数润肤霜中都有这种成分，对脱水和油皮特别有益。

封闭剂

闭塞剂可在角质层（表皮最外层）上形成一层薄膜，作为物理屏障有助于防止皮肤表面的水分流失，同时保护皮肤免受外部刺激。常见的封闭剂包括蜡（巴西棕榈和蜂蜡）、硅树脂、油（橄榄和大豆）、聚二甲基硅氧烷、羊毛脂、矿物油等。

好物推荐

☆ 凯特·萨默维尔 肽 K8 高级抗衰老保湿霜
(Kate Somerville Peptide K8 Power)

☆ 乔丹·塞缪尔 高效能修护保湿霜
(Jordan Samuel The Performance Cream)

☆ 凯特·萨默维尔 日常滋养保湿霜
(Kate Somerville Nourish Daily Moisturizer)

☆ 奥斯基亚 滋养再生晚霜
(OSKIA Bedtime Beauty Boost)

☆ 杵 & 钵 高效补水保湿霜
(Pestle & Mortar Hydrate Moisturiser)

☆ 歌洛西 亮泽基底保湿霜
(Glossier Priming Moisturiser)

☆ 雅漾 舒缓特护系列
(Avène Tolerance Extreme Range)

☆ 慕拉 水动力极致补水保湿霜
(Murad Hydro-Dynamic Ultimate Moisture)

☆ 芢 维他矿物活肤保湿日霜
(REN Vita Mineral Daily Supplement Moisturising Cream)

☆ 梅·林德斯特伦 蓝色丝茧固体浓缩面油
(May Lindstrom The Blue Cocoon Solid Oil Facial Concentrate)

☆ 乔什·罗斯布鲁克 强效保湿舒敏润肤膏
(Josh Rosebrook Vital Balm Cream)

拒绝面部闪粉

在脸上涂抹晶晶亮的闪光粉，从护肤角度来说简直是愚蠢至极！不知道这种做法是从谁开始的，不过从谁开始不重要，重要的是，**这种做法必须：立刻！马上！停止！**

脸上抹闪光粉或者使用添加了闪光粉的护肤品，这绝对是在糟蹋皮肤。当然，从外观来看，如果运用得当，闪光粉与眼影搭配起来绝对是锦上添花。

如果你是个十几岁的小姑娘，请尽情闪亮；如果你 20 多岁，偶尔喜欢脸上亮晶晶，也 OK；如果你就是觉得好玩，想在社交媒体上发一张戴着闪光面具的酷拍，这是你的个人选择。节日啦，庆典啦，谁不想要闪耀全场呢？理解。

但是，如果你和我一样，不那么年轻了，停！

我不知道这件事要怎么强调，但抹在脸上的亮片或闪光粉对你真的没有任何好处。你每用一次都有造成皮肤刺激的风险——尤其是那些皮肤敏感的人。闪光粉或亮片是由微小塑料制成的，它对你的脸，对环境的危害不亚于已被禁止在化妆品中使用的有毒微珠[1]。

我呼吁各位品牌大佬能够担负起社会责任，在政府出台禁令前别再生产了！

每次有闪闪亮的产品上新，都会在护肤界引发一阵**正义的唏嘘声**。一个“护肤”品牌竟然借助亮片来博眼球赚钱，却对造成的损害几乎不承担任何责任，**请去小黑屋认真反省！**

1 微珠不可回收，很难降解，会造成环境污染。世界各地政府已经陆续颁布了法规，禁止使用微珠。

| 误区 | 应该在保湿霜上投资昂贵产品吗？

我已经记不清有多少人跟我说她们用的保湿霜有多贵，同时却用湿巾擦脸算作洁面，或淋浴时顺便冲个脸。

保湿霜就像你的外衣，主要起到保护和“缓冲”的作用。

这两大作用当然重要。是的，我们可以找到包含肽、维生素等各种活性成分的保湿霜，但是，这些成分用到精华中效果更好，因为精华在保湿霜的保护下，可以更好地渗透肌肤，并开始工作。

如果涂抹面霜前的其他工作不到位，就算入手最新款“神仙”级面霜也无济于事。如果你日常在洁面、酸上投资不少，在精华上更舍得花钱，那么润肤霜稍微降低些档次，无妨。

当然，凡事皆有例外。如果到了40岁，我会建议在使用贵妇级精华液的同时，再入手一款含有“活性”精华成分的高科技保湿霜，抓住一切机会保湿。如果预算实在紧张，优先购买酸和维生素A精华，清洁和保湿霜可以适当降低预算。

出门前你会花多少时间搭配“出街行头”？

洁面—刷酸—精华，这一套流程也是你必不可少的“行头”。付出就有回报。不要忘记这件外套。

9 眼部产品

至于是否使用眼部产品，一般分为两大阵营：

- 喜欢用、认为很有效的
- 认为没必要、是浪费钱的

我属于第一种。从 20 多岁起，我就在日常护肤中用眼霜或者眼部精华，没有更早地开始用是因为我的生活很健康——不吸烟，也不酗酒——但是自从我怀上第一个宝宝后（22 岁时）就改了主意。

“眼睛是心灵的窗户”，这句话源自久远的医学智慧，大致意思是，眼睛是身体内部运转的窗口。年轻又健康的人，眼睛清澈明亮，眼周的皮肤（比如黑眼圈处）色调均匀。如果既不年轻，也不健康，那各种毛病就会在我们的眼部有所反应，脏器健康与否也都会有所体现。

- 肝脏问题：眼睛发黄
- 淋巴排毒问题：浮肿、黑眼圈
- 轻微疾病：眼睛无神
- 服药（尤其是抗生素）治疗期：浮肿、眼色浑浊、目光无神、眼干
- 吸烟：眼睛发灰、眼干
- 睡眠不足 / 睡眠过多：浮肿、黑眼圈、灰色“疲惫”状的眼睛
- 不良饮食习惯 / 高盐、咖啡因和酒精摄入过多：浮肿、黑眼圈、眼干
- 日晒损伤 / 衰老：皱纹、眼干

眼部是一个雷区，任何眼霜都很难打包解决上述所有问题。它的主要目的为消除眼袋、黑眼圈和细小皱纹，通常含有咖啡因、绿茶和多肽等成分。但**所有产品都做不到“永久有效”**，有一些负责任的品牌可能会向你说明：停用后效果会逐渐消失。

我喜欢眼部专用产品，原因有很多，最主要是因为我眼睛特别容易浮肿，有

黑眼圈。两者都是遗传性的，没办法彻底改善（除非做眼睑手术）。

有些护肤品还会使这两种情况恶化，如厚重的润肤霜。正因如此，我一般会选择质地轻薄的面部精华和眼部专用精华、眼霜。

如果你还年轻或有预算方面的顾虑，也可以跳过眼部专用护理产品，将补水精华液带到眼眶骨的部位。

眼部护理注意事项

- 眼睛周围不要用矿物油，否则可能造成浮肿。同样的道理，眼部精华也要挑轻薄款。
- 按建议用量涂抹眼霜，不要过量，否则容易给眼部皮肤带来负担，花了钱却得不偿失。
- 眼周患有湿疹或牛皮癣的（很常见），可以根据严重程度厚敷面霜，医生也会为你开出相应的处方。即便市面上有一些眼霜质量不错，但没有哪个品牌宣称可以治疗湿疹、牛皮癣等疾病。
- 尽量无香精——如果香精含量过高，可能会刺激眼周。眼部护理产品不必好闻。
- 大多数由眼部护理产品、眼影 / 矿物化妆品引起的过敏是因为一种名叫**氯氧化铋**（bismuth oxychloride）的成分。氯氧化铋可以让皮肤有光泽感，但却非常容易致敏。如果你使用某款眼霜或眼影之后皮肤出现反应，不妨查一下它的成分标签，看是不是含有氯氧化铋。

好物推荐

☆ 凯特· 萨默维尔 抗皱修护眼霜
(Kate Somerville Line Release Under Eye Repair Cream)

☆ 山迪·莱利 修护眼霜（亮白 + 去浮肿）
(Sunday Riley Autocorrect Eye Cream)

☆ 宝拉珍选 神经酰胺紧致眼霜
(Paula's Choice Clinical Creamide-Enriched Firming Eye Cream)

☆ 杵·钵 修复眼霜
(Pestle& Mortar Recover Eye Cream)

☆ 歌洛西 眼唇二合一丰盈乳霜
(Glossier Bubblewrap Eye and Lip Plumping Cream)

☆ 奥斯基亚 眼部焕活精华
(OSKIA Eye Wonder Serum)

片装面膜

> 片装面膜就如同在眼睛那儿挖了两个洞的湿巾。

冒着得罪一大波人的风险，在 2018 年，我在推特上发布了这条消息，瞬间在护肤界引起了一场纷争。

我不是片装面膜的狂热粉丝。把一张张化纤纸浸透在所谓的有益成分里，然后剪成脸的形状，承诺用有益成分滋润你的皮肤，用完即抛。是的，我用过，我们大家都用过。我以前还发过一个 Instagram 动态，我、我妈妈，还有我女儿，我们三个人一起在镜头前贴面膜。但是现在呢，我懒得弄了。这种面膜又湿又黏，并没有特别之处。涂几轮透明质酸精华加保湿霜可以达到同样的效果，所以实在没有必要额外做。

我最近几乎没有敷过任何种类的面膜。但是，你知道的，我的日常护肤坚持得非常好。如果你敷面膜是为了放松身心、让肌肤吸收更多营养，不如仔细思考一下你的日常护肤可以做哪些调整，以适应皮肤的需求。

当然，我也不能一棍子将其打死，有些情况下，面膜的存在还有其意义，不管是片装的还是灌装的，贴的还是涂抹的。如：

旅行时：我偶尔会在旅途中敷敷面膜，尤其是在坐飞机时。但说实话，透明质酸精华 + 优质面霜，外加喷雾随时喷，这样的感觉更好。

期冀“容光焕发”：我完全赞成偶尔用面膜来提亮肤色，温和的去角质面膜、酸性面膜都可以。每个人都有肤色暗沉的时候，这是正常现象。但如果频繁地依赖它，就需要好好端正护肤态度了。

战痘：用泥膜敷痘痘似乎特别有满足感。就像我十几岁的女儿和她的朋友们，她们会在 T 区涂上泥膜，然后在屋里走来走去，就像戴着荣誉勋章一样。18 岁的皮肤我羡慕不来，青春期已经离我远去，我也不会再长青春痘了——我想这是接近更年期的快乐之一。但如果再次回到长青春痘的年纪，我肯定用酸和油来对付，直到它屈服并消失（见第 146—149 页）。

> 片装面膜一直会有它的市场，销量也一直在攀升（考虑到对环境的影响，它们真不是什么好产品）。

我的建议是：把护肤流程，尤其精华部分做好，真的就不再需要面膜了。在我的“护肤工具清单”里，面膜，尤其是片装面膜，排在最末位。

10 “抗衰”产品

> 有一个词总是被提起，那就是“抗衰老”，我们甚至都不去质疑它的真实性。如果包装上标注了这个词，它就一定能做到，对吗？
> 错！

每个人都会变老。说实话，我不喜欢“抗衰老”这个词，这就像在说：变老是一件可耻的事——实际上，如果我们能健康地活到老，就已经十分幸运了。衰老是每一个人的终极归宿。

社会整体的审美观念还比较落后，非要把目标定在永葆青春上——护肤研发行业也在努力奔跑，有一些号称“预防老化”的产品确实有助于减缓衰老进程，但目前真的还没有**真正**“逆转衰老”的超级成分。

想要减缓皮肤衰老的步伐，请重点关注以下“明星”：

防晒霜

防晒能抗衰老。这一点已被证实，毫无疑问！但防晒本身并不能修复已有的损伤。想要修复皮肤，需要请出以下“明星”……

维生素 A

在美国，除了防晒霜之外，FDA 只批准了一种可进行“抗衰功效”宣传的成分——维生素 A。维生素 A 在一定程度上可以逆转衰老的**迹象**，重建胶原蛋白，修复晒伤，功能很全面。维生素 A 家族成员众多——找到适合你的那一款。

乙醇酸 / 乳酸 / 水杨酸

正确刷酸对皮肤有益无害。当外用作为去角质产品时，能使表皮重新焕发活力，使得后续护肤品更好地渗透皮肤。比较成熟的 α- 羟基酸还能帮助皮肤重建胶原蛋白。

乙醇酸和乳酸更适合干性皮肤，水杨酸则更适合油性 / 混合性皮肤。

不要直接用高浓度的酸，循序渐进，理智选择，有时少少益善。

维生素 C 和维生素 E

维生素 C 和维生素 E 可以很好地协同工作。传统的维生素 C 是水基的（新的配方也有油基维生素 C），而维 E 是油基的，因此皮肤细胞中的油和水都可以得到保护。维生素 C 和维生素 E 都是抗氧化剂，所以同属“预防”衰老的范畴。

烟酰胺

烟酰胺是维生素 B_3 的别名。烟酰胺用作护肤品能够刺激真皮层，从而增加细胞的脂肪含量，提亮肤色，帮助皮肤保持水分。它还被证明可以增强表皮的屏障功能（从而保护皮肤免受细菌攻击），因此对痤疮患者也有很好的效果。

其他成分对皮肤也有益处，但如果你的首要目标是抗衰老，所选产品需要包含以上成分中的一种或几种。关于何时开始使用抗衰产品，请参阅第 142—143 页。

好物推荐

☆ 美迪绮 8 维生素 A 系列
(Medik8 Vitamin A Range)

☆ 泽伦斯 至尊抗衰精华
(Zelens Youth Concentrate)

☆ α-H 维生素精华套装
(Alpha-H Vitamin Profiling Kit)

☆ The Ordinary 烟酰胺 10%+ 锌 1%
(The Ordinary Niacinamide10% + Zinc1%)

☆ 宝拉珍选 10% 烟酰胺强效精华
(Paula’s Choice 10%Niacinamide Booster)

☆ 凯特·萨默维尔 视黄醇 + 维生素 C 保湿精华霜
(Kate Somerville + Retinol Vitamin C Moisturiser)

☆ 乔安娜·巴尔加斯 活肤精华护理油
(Joanna Vargas Rejuvenating Serum)

| 误区 | 溶脂霜真能祛除脂肪团？

真相 1：脂肪团（橘皮组织）不是因“毒素”被困在皮肤中引起的。如果真像某些所谓的“健康”组织宣传的这样，恐怕我们早被毒死了。

真相 2：当皮下脂肪细胞开始膨胀并挤压结缔组织时，就会出现脂肪团。结缔组织衰弱有多种因素，包括激素水平变化、缺乏锻炼、肌肉张力差、脂肪过多、循环不良等。

真相 3：90% 的女性都有脂肪团。在男性群体中，这个数字大概只有 10%，因为男人的结缔组织更强健。天理何在？！

真相 4：随着年龄增长，女性雌激素水平下降，只会使情况更糟。

真相 5：它与基因有关。不妨看看你的母亲和外祖母，如果她们都有，你大概率也会有……

真相 6：填充和注射可以起到改善的作用，注射剂有助于填充和抚平皮肤中的凹陷和酒窝，但也只是暂时有用，需要定期重复治疗以保持效果。

真相 7：激光、按摩、射频治疗也有效果，但，也只是暂时的，而且需要的周期很长。我个人觉得，与其让别人在自己身上做无用功，还不如把时间花在健身房，哪怕步行一小时。

真相 8：抽脂无用。这就好比掏出一部分枕芯后，枕头上就会形成一个凹痕。脂肪也一样，剩余的脂肪不会自动均匀地散开。

真相 9：充分吸收水分会有所助益。吃富含水分的蔬菜，喝大量的水，效果虽不会十分明显，但确会有益。

真相 10：吸烟会使脂肪团更严重，因为吸烟会破坏结缔组织（胶原蛋白）。

真相 11：市场上所有的溶脂霜都没有用。所有！即使处方或者非处方药也都做不到。这些产品可能使皮肤更加柔软光滑，但无法达到控制脂肪分布的目的。

> 小结：均衡饮食、多运动、多喝水，注意身体健康。做好以上这些，就能……就能继续任基因摆布了！没错！长不长脂肪团，还得基因说了算。
>
> 有时候，我们不得不心态好，抗击打。

LANCASTER
Sun Beauty
Comfort Touch Cream
Crème Confort
50 HIGH PROTECTION
No7
Protect & Perfect Intense
ADVANCED
Facial Sun Protection
Hypoallergenic
SHISEIDO
Expert Sun Protection Lotion
Expert Solaire Lait Protecteur
SPF 50+
VERY HIGH PROTECTION
TRÈS HAUTE PROTECTION
VERY WATER RESISTANT
50+
SUN PROJECT
LIGHT SUN ESSENCE
Glossier.
invisible shield
daily sunscreen
soin solaire quotidien
LA ROCHE-POSAY
LABORATOIRE DERMATOLOGIQUE
ANTHELIOS
50+
SHAKA FLUIDE / FLUID
INVISIBLE ULTRA-RESISTANT
REN
CLEAN SKINCARE
CLEAN SCREEN MINERAL SPF 30
MATTIFYING FACE SUNSCREEN BROAD SPECTRUM
PROTECTION SOLAIRE MATIFIANTE VISAGE
50 ml / 1.7 FL.OZ.US
LANCASTER
Sun Beauty
Velvet Fluid Milk
Lait Fluide Velours
50 HIGH PROTECTION
SHISEIDO
Expert Sun Protection Lotion
Expert Solaire Lait Protecteur
50+
SUNSCREEN
SOLCREME
FACTOR 30
ECOOKING
200 ML - 7 FL.OZ.
zelens
Body Defence
SUNSCREEN
BROAD SPECTRUM SPF 30
Silky Oil
CLARINS
PARIS
50+
Crème Solaire Toucher Sec
Dry Touch Sun Care Cream
Visage / Face
EAU THERMALE
Avène
TRÈS HAUTE PROTECTION
VERY HIGH PROTECTION
SPF 50+
Spray
PREVENTION+
daily tinted moisturizer
oil-free
BROAD-SPECTRUM
SPF 30+
3.2 oz e 91 g
OSKIA
LONDON
Kate Somerville
SPF/FPS 50
High Protection
Haute protection
UncompliKated SPF
VICHY
IDÉAL SOLEIL
30
EAU DE PROTECTION SOLAIRE
SOLAR PROTECTIVE WATER
DECLÉOR
PARIS
30
30 SPF
Body
Active Sun
SUN-ACTIVE

11 防晒产品

我的青春岁月已经一去不复返了，记得年轻时，为了做个黑美人，我甚至狠心往自己身上抹婴儿油，然后将锡箔纸放在身上，试图反射太阳光线从而更快地晒黑自己。可是现在，即使太阳已经下山了，防晒霜被我从柜子揪出来的速度也堪比“闪电”啊。

> 查看有效期——如果你的防晒霜上没标注有效期，我们不妨默认有效期为一年。一年后换新。

买防晒霜之前，要了解什么？

SPF 需要多高？是广谱的吗？

以下是一些最简单却普遍适用的经验法则，适合“太阳兔”[1]人士，也适合你！

使用广谱防晒产品——日晒主要导致：皮肤老化、晒伤、皮肤癌。长波紫外线（UVA）会导致皮肤老化，短波紫外线（UVB）会造成晒伤。我们可以联想这里的字母“A”代表衰老（aging），而字母“B”代表晒伤（burn）。世卫组织、美国卫生与公众服务部均已确认紫外线可致癌。

SPF 标识的是对 UVB 的防护能力。所以，在购买防晒霜时，一定要留心高倍防晒因子旁一定要有 UVA 标识，且由一个圆圈圈着。如果没有此标识，那么尽管可以抵御 UVB，却无法阻挡 UVA 的侵入。

SPF 要达到 30 或 50，不能低于 30。我更爱用 SPF50 的防晒霜，尤其是

1 太阳兔是儿童 3D 动画电视连续剧 *Sunny Bunnies* 中塑造的形象。太阳兔是生活在太阳上的神奇生物，它们可以在太阳光线的帮助下通过一扇“秘门”飞入地球。小兔子可以生活在任何有光的地方，如果天黑了，从月光到星光，甚至烛光都足以让它们复活。

涂抹脸部时。

没有所谓的“安全晒黑”。皮肤被晒黑是 DNA 受损的标志，是体内化学反应的结果。它说明皮肤曾试图保护自己免受紫外线的伤害，但并未成功。

如果商家使用“安全美黑”这样的术语来销售自己的防晒霜，往好了说是误导，往坏了说是在瞎扯。

老年斑或色素沉着随年龄增长也会出现，但这并不代表上一年的“美黑”成果，而是青少年时期开始的日晒伤害的延续。

“天然”防晒霜和“化学”防晒霜

传统意义上，“化学”防晒产品能吸收紫外线，物理防晒霜（在营销广告中常常被称为“纯天然”防晒霜）则恰恰相反，它的主要原理是反射紫外线。实际上，这种“纯天然”防晒产品并不天然！它最常使用的防晒成分是氧化锌和二氧化钛，这两种成分已被证明对鱼类和海洋生物有潜在毒性（是真的有毒！）。据估计，每年约有 4000—6000 吨防晒霜从游泳者身体上溶入海洋，威胁着脆弱的海洋生态系统。氧化锌和氧化钛不可生物降解，且采用纳米技术，后者也是癌症研究机构的研究对象，因为它可能与人类癌症有关。

如果你喜欢使用“纯天然”防晒霜，那最好选择一款“非纳米”的氧化锌产品。虽然这个词在美国 FDA 那里毫无意义，但对我们来说，可能是更好的选择。

政府的态度

在防晒产品的配方和标签上，美国 FDA 的要求与欧洲和亚洲不同。以下是一些基本情况及注意事项，了解这些信息可以帮你更好地选择防晒霜。

在美国，FDA 将防晒霜认定为处方药品，所以包装上必须标

明 SPF。

在欧洲，防晒产品属于化妆品类别，SPF 仅供参考，并不强制要求标注。

话虽如此，欧洲允许制造商添加 7 种通过批准验证的化学物质来抵挡致癌的 UVA 射线，而美国 FDA 仅允许使用 3 种。在技术层面，这意味着**欧洲产品可能比美国产品更有效。**

SPF 只与 UVB 有关。那 UVA 如何防？PPD，或称持续色素暗化，是用来测量 UVA 防护能力的一种方法。如果产品的 PPD 为 2，那表示你的皮肤在受保护状态下晒黑所需的时间是未受保护时的两倍。日本在 PPD 方法的基础上开发出了更先进的 **"PA" 评级系统。**"PA+" 代表：部分 UVA 防护；"PA++" 代表：中等 UVA 防护；"PA+++" 代表：高 UVA 防护；"PA++++" 代表：极高 UVA 防护。近年来，非亚洲品牌也纷纷效仿，将 PA 等级标注在产品上。

在美国，没有针对防晒霜 UVA 防护标注的法律指南，也不要求标明 UVA 防护等级。不管是 PPD，还是 PA++，都是不确定状态。为了说明自己的产品是广谱的：产品制造商要通过广谱测试和 SPF 测试，通过测试的产品则被允许在包装上标注"Broad-spectrum"（广谱）一词。

| 误区 | SPF 迷思

- **防晒力可以累加。**错！如果你用的保湿霜、妆前乳和防晒霜都有防晒成分，实际起作用的只是拥有最高 SPF 的那个。
- **防晒霜防水。**没有防晒霜是真正完全防水的，所有的防晒霜都会被汗水、水洗掉。在法律层面，只被允许贴上"water resistant"（在一定程度上防水）的标签。
- **SPF60 的产品其防晒效果只比 SPF30 的略好。**错！理论上讲，SPF30 可以过滤掉 96.7% 的紫外线，而 SPF60 可以过滤掉 98.3%，那么结果差异仅为 1.6%，因此 SPF60 只比 SPF30 略好。但我们不

『一生中的日晒伤害，
大多在 20 岁前就已造成了。』

仅要关心有多少紫外线辐射被过滤，更要关注有多少紫外线可以成功地传输到我们皮肤上。咱们接着上边的逻辑往下推，SPF30 的防晒霜允许 3.3% 的紫外线到达皮肤，而 SPF60 的防晒霜只允许 1.7% 的紫外线到达皮肤。这样来看，SPF60 和 SPF30 之间虽然仅有 1.6% 的紫外线过滤差，但实际上会增加近 1 倍的皮肤伤害概率。

- **深色肌肤无须防晒。**深色肌肤自带 13.3 的 SPF 值，因此不太容易受到紫外线的伤害，但这不代表深色肌肤可以不防晒，所用防晒产品的 SPF 依然不能低于 30。
- **我们产品的生产没有伤害过动物。**这也不大可能。虽然最终的成品不一定非要做动物测试，但防晒霜的成分复杂，各类原料必须经过实验室中的动物测试才能确保其“功效”。尤其是在美国，防晒产品被列为药物的情况下。

整个护肤和健康产业的真实情况就是这样，我说这些不是为了让大家有负罪感，只是为了抵制那些“严格素食主义，对动物无害，无毒防晒”的虚假宣传。消费者有权了解真相。

> 非典型痣也称为发育不良痣。它们与黑色素瘤非常相似，但通常只有医疗专业人员才能区分。虽然并非所有发育不良的痣都是癌性痣，但它们有癌变的可能。如有任何疑虑，不要犹豫，立即找医生诊断。

使用专用防晒产品

不建议你把钱花在带防晒成分的昂贵抗衰保湿霜上。防晒产品本身就应该独立存在，它所含的一些化学物质会限制皮肤吸收并抑制保湿霜中的活性成分。只怕你花了大价钱，不仅防晒没做到位，修复效果也大打折扣。其实很简单，买一款优质的保湿霜，叠加一个价格合理的防晒，多完美！

我对带防晒效果的保湿霜主要有两方面的担心：

#1 它只会带来虚假的安全感。

在 20 世纪 20 年代，防晒霜还没有出现，黑色素瘤的发病率约为 1/1500。2013 年，在防晒产品已经广泛使用，且现代科学如此发达的背景下，黑色素瘤的发病率却**攀升到 1/53**。每 53 个人里就有 1 人患病，为什么？除了我们的环境恶化等诸多因素外，还因为我们的防晒工作做得不够，大部分人每天出门前只涂一次防晒霜，很少有人想着补涂，很多人甚至一点防晒都不用。

举个例子，皮肤在太阳下暴晒 15 分钟就会被晒伤，那么如果早晨 8 点出门前用了 SPF15 的保湿霜，严格来说，在上午 10 点 45 分应补涂。但据我所知，没有一个人会为了补涂防晒霜而中途卸妆。

如果你在做日光浴，为了达到推荐的防晒剂量，以 SPF15 的保湿霜为例，每天大概要用完一管。一天一管！

> 仅靠带 SPF 的保湿霜就想达到预期的防晒效果，难矣。

#2 带 SPF 的保湿霜只防 UVB，不防 UVA。

虽然能防晒伤，但胶原蛋白仍然会被分解，皱纹仍然会出现。另外，带防晒效果的保湿霜基本没有防水性能，且不耐摩擦，手指、化妆刷、流汗等因素都会使防晒效果降低。

真正提供防晒保护的只有**广谱防晒产品**——它存在的唯一使命就是保护你免受阳光的摧残！

在保湿产品中添加防晒成分的制造商，无非是想把防晒功能作为产品的一个“加分项”，也是用心良苦，我理解。但是，防晒霜是对抗皮肤衰老的关键，**绝非仅仅只是一个“加分项”那么简单。**下图的 UVA 标志一般会在防晒霜包装上显示，我们真正需要的便是这种专用产品。

欧盟已经重新对防晒产品进行了分类评级：

- 低防晒等级 = 6—14
- 中防晒等级 = 15—29
- 高防晒等级 = 30—50
- 超高防晒等级 = 50+

如果你肤色白皙或是白种人，选择**“高”防晒等级**；如果皮肤很少晒伤，可以用**“中”防晒等级**；有些天生红头发的白种人朋友，严格来说必须使用**“超高”防晒等级**。他们脸上多生雀斑，因为皮肤含有褐黑素(phaeomelanin)，而我们大多数人有真黑色素（eumelanin）。含褐黑素的皮肤很容易被晒伤，而且会持续很长时间。

防晒霜的防护性能时间一久便会下降，所以需要每年更新。

我为客户做皮肤分析时，经常发现晒伤主要出现在耳朵上方（最易被晒伤的部位）、脖后和鼻尖。对于这个问题，只能做到“有备”，才能实现“无患”涂抹防晒霜时，不要遗漏这些部分。

痤疮患者：虽然阳光可以加快痤疮干燥，但很多防晒霜都会引起粉刺。因为防晒霜会堵塞毛孔，加重痤疮，所以要尽量**使用无油型**。

> **做好防晒，享受阳光！**

用于日常的防晒剂量，请参阅第 67—68 页。

好牌推荐

☆ 理肤泉 安得利特护防晒 (La Roche-Posay Anthelios)
☆ 生态料理 (Ecooking)
☆ 安研科 (EltaMD)
☆ 荷丽可 (Heliocare)
☆ 艾维科技 (Evy Technology)
☆ 泽伦斯 日用防晒 SPF30 (Zelens Daily Defence SPF30)

12

钱到底应该花在哪儿？

了解完各类护肤品的功效，不知你有没有发现，护肤世界中也奉行“有志者，事竟成”的道理。那么，将护肤品经费的大头用在哪才能“成事”呢？

答案永远都是：精华！

我一直跟大家强调：把大钱花在护肤流程的**中间步骤**，即精华。因为精华所含活性成分多，制作成本高，是我们护理 / 滋养 / 修复肌肤的关键。日常护肤时，可以同时选用多种精华。在众多精华中，又以主打护理和修复功能的产品最值得投资。

在雅诗兰黛和伊莉莎白雅顿王朝建立之初，保湿霜非常流行，稳坐护肤品界的头把交椅。不过在我看来，精华这个后起之秀已经成功将它拉下榜首的位置。

> 女人，要把钱花在刀刃上，营养补充剂、护肤品、粉底和遮瑕足以把自己打理得光彩照人。至于其他的，随意就好！

通常情况下，只要不选有机产品，150 英镑的预算便可买到一些**基础产品**（凡是上脸的东西，都要注意成分），超出这个范围，基本就是在替卖家支付包装费、租金、工人工资和广告费。一般来说，很多人的预算都比 150 英镑少得多，但如果能达到这个价位的话，如下方案可供参考：高科技精华液——50—100 英镑；保湿霜——30—50 英镑；洁面产品——30—50 英镑。总之，在自己的经济能力承受范围内购买，不要透支信用卡。

如果你想得到高品质的皮肤护理，并且愿意舍弃高科技精华，150 英镑就足以买到物美价廉的天然或有机产品。

以下我依据年龄段分别列出所需要的护肤品清单，因为不同阶段的皮肤对护肤品有不同需求。

青少年时期—25岁

- **保湿霜。**很多年轻人生活习惯都不太好，这会极大伤害皮肤，所以这个阶段的皮肤更需要悉心照料。另外，年轻人在日常护肤上会比较懒惰（并非吐槽，只是注意到了这个现象），只要皮肤没什么大问题，大家普遍不会认真执行护肤流程。如果洗完脸只想简单地用一种护肤品，我建议是保湿霜。此外，**特别强调**再用一层防晒霜。
- **精华。**可以选维生素C精华，它是很好的抗氧化剂。这个年龄段不要用活性过强且容易刺激皮肤的产品。
- **去角质酸。**这类酸通常不会很贵，中等档次即可（更多酸的内容可参阅第167—174页）。
- **防晒霜。**养成防晒的好习惯！
- **洁面产品。**年纪轻轻就养成洁面好习惯的人，以后护肤的手艺也不会差。
- **晚霜。**如果你的皮肤有特殊状况，晚上用专用的晚霜是有益的。如果预算不富余，就买一款早晚都可用的保湿霜（不需要具有防晒功能）。
- **面部护理油。**面油非常值得你去投资，一分钱一分货，十分价钱买不错。
- **眼部产品。**这个年龄段的人，如果手头不宽裕，眼部专用护理产品并不是必需的，在眼周薄涂精华亦可。
- **去角质产品。**膏、凝胶类产品，不耐受酸的朋友可用。
- **泥膜。**
- **花朵纯露或喷雾。**

25—35岁

- **精华。**精华含有高效护肤成分，所以价格并不便宜。推荐夜间维生素A或视黄醇精华、强效补水精华、抗衰肽精华等。归根结底这类精华的共同特点是流动性较好，在保湿霜或面油之前用。
- **专用晚霜。**一般来说，乳液、保湿霜的制作成本要高于洁面乳和爽肤水。40岁前用有针对性的晚霜来预防和修复受损皮肤，时犹未晚。
- **面油。**便宜的基础油不难买，但在我看来，基础款与高配版之间有云泥之别。后者大多是由医生、美容师、以及面油领域的领军人物精心调制而成，如法国专业的沙龙品牌。

- **洁面产品**。选择中档洁面产品。
- **酸**。选择经济实惠的中等档次去角质酸，足矣。
- **防晒霜**。防晒产品不必太贵。
- **保湿霜**。选择一款性能不错的就行，不必买最贵的。说到底，全天下的保湿产品目标都一致。
- **眼部产品**。不必为了买个眼霜或者眼部精华而倾家荡产，如果已有优质的面部精华且打算过节俭日子，可以直接用在眼部。
- **面膜**。选择保湿款，补水面膜主要由甘油和透明质酸组成，制作成本不高。
- **去角质产品**。膏、凝胶类产品，不耐受酸的朋友可用。
- **泥膜**。
- **花朵纯露或喷雾**。

35 岁 +

我认为，35 岁之后（如果更年期提前，这个时间还要提前）是最重要的年龄段，但却被品牌、媒体、市场营销和医学界同时忽略，最近用过激素替代疗法的女性都懂我在说什么。

- **精华 / 修护产品**。让皮肤状态更上一层楼。35 岁之后，皮肤更需要含有肽、视黄醇等成分的产品。
- **去角质酸**。质量越好则价格越高，35 岁之后的确得对自己大方些了。
- **专用晚霜**。
- **洁面产品**。好的洁面膏价格也可以很实在，不过我用的要比普通品牌贵一点。
- **面油**。再说一遍，中档与高档货之间有天壤之别。
- **防晒霜**。入手一支优质、专用的防晒霜。
- **保湿霜**。选择一款优质的高科技保湿产品，能为肌肤适度补水且起到保护作用（参考第 188 页）。
- **眼部产品**。我喜欢用眼部专用产品，并且虔诚地使用它们，也喜欢把精华液涂在眼周（活性精华除外），先用最轻薄款。因为贫血，我天生就有眼睑下垂和黑眼圈的毛病——即便我心里知道这些产品又贵又不会改变基因，但我还是会买，至少能补水，也能淡化细纹。

- 面膜。
- 去角质产品。膏、凝胶类产品，不耐受酸的朋友可用。
- 泥膜。
- 花朵纯露或喷雾。

自制护肤品

别管网上怎么炒作，厨房里的食材永远代替不了专业护肤品，万不可轻信这些一厢情愿的说法。

食材，最多能让皮肤暂时柔软（比如牛油果或原味酸奶）或暂时紧致（鸡蛋清）。我们掰开芦荟叶得到的黏性透明凝胶和国际化妆品原料命名清单上的“芦荟”完全不是一码事儿。鲜芦荟必须经过一系列化学处理才能被皮肤吸收。

还有，我们做饭用的食材，没有一样能够根治痤疮！我也希望椰子油、柠檬、小苏打、姜黄真的有用，但是**它们就是食物而已，不是药。**

还有柠檬汁的问题。

“在洁面乳中加入柠檬汁能去角质！”抱歉，不能。

“在皮肤上涂抹柠檬汁能减轻色素沉着！”抱歉，不能。

总而言之，食物不要拿来添加到任何护肤品中。

有一个与这种思维类似的例子：20 世纪 80 年代有一阵“头发美黑”风潮，结果很多原本发色较深的女孩不但没有成功美黑，反倒顶着一头受伤的橘黄色头发四处飘荡。

13

抛弃清单

有太多太多产品，我都想扔到垃圾桶里，然后找这些产品的发明者去理论一番：你们是不是为了“紧跟潮流挣大钱”而大肆宣扬未经证实的言论？你们是不是拿那些子虚乌有的皮肤问题来吓唬消费者？——护肤行业一直不缺鼓吹肌肤问题的人。我不针对某个人或某个特定的品牌说事，但以下这些产品不要用！这些习惯要戒！

- **湿巾。**湿巾不能用来“清洁”面部，只能用在紧急情况下——真正特别紧急的情况，如找不到干净水源的时候。另外，湿巾对环境很不友好。一定要牢记：只有特殊部位、坐飞机、节日活动这三种情况下才可偶尔用用（见第58—65页），且用过的湿巾不能扔进马桶。
- **片装面膜。**即“挖眼洞的湿巾”。别的不说，想想环境吧。
- **含SLS/ SLES的泡沫型洗面奶。**更具体地说，就是能让你的皮肤达到“超级干净”，甚至发出“吱吱”声的产品，而“绝对”干净是我们皮肤和身体的大忌，它还会让皮肤太过干燥，不能用！日常生活中，最好也不要用含此成分的洗发护发产品以及牙膏。
- **胶束水。**在没有水的情况下，胶束水可以拿来卸妆，但不能拿来包办日常清洗，用完后要将其洗掉，并且它只适合于初次洁面。
- **毛孔贴**[1]。无论谁是毛孔贴的幕后推手，任何一个从事皮肤工作的人、关心你皮肤的人肯定不会推荐你用。毛孔贴并不像宣传的那样有效，且对皮肤伤害太大。
- **含酒精的护肤品、老式爽肤水。**有待升级。
- 有些SPF50的**防晒产品**声称能完全抵挡紫外线的照射，甚至与保湿霜混

1 毛孔贴旨在收缩毛孔并去除皮肤上的黑头。

用时依然能全效护肤，听着老厉害了，简直要被吹捧上天的架势！与其他产品混合之后还能保持纯净的未稀释形式，难道是被施了魔法吗？不要用！

- **天价泥膜。**泥膜中的矿物黏土非常便宜，不必专挑贵的买。
- **含有坚果壳的粗糙磨砂膏。**这是咱们自己的皮肤，没必要下手这么狠。用这样的磨砂膏磨皮就好比用砂纸抛光你的脸。恐怖！
- **溶脂霜。**脂肪团是因为脂肪细胞胀大挤压结缔组织造成的，单单指望溶脂霜是治不好的。身体刷和适当的身体保湿霜虽然能让皮肤感觉更光滑，但却不能完全祛除脂肪团（见第 196—197 页）。
- **黄金护肤品。**省省。戴在手上闪耀吧。
- **带有 SPF 的昂贵保湿霜。**防晒成分会阻碍活性成分发挥功效。不要浪费钱。建议直接买一款优质的保湿霜和一管单独的防晒霜，两者都不需要贵得离谱。
- **闪闪发光的护肤品。**亮闪闪的护肤品不能用！类似的，标签上标有奇怪成分的护肤品都不能买。踏踏实实地护肤，这些博眼球的东西不会产生任何护肤效果（见第 187 页）。
- **椰子油。**虽然椰子油有抗菌作用，也可以用来洁面，但很多油基产品都能卸妆，为什么非用椰子油呢？不推荐。
- **使用恐吓策略做营销的产品。**千万不要因为担心而购买某种护肤品。在护肤品行业，有些人把精力全部放在宣传自己不含某某成分上，拿所谓的“有害”成分吓唬消费者，对自家产品的功效却含糊其词。合格护肤品的成分配比都是安全的，别被某些商家唬住了。
- **必须使用同一系列的产品。**必须使用同一品牌同一系列的护肤品吗？非也。护肤界专家们并没有这一说，这只是销售技巧罢了（见第 215 页）。
- **任何用你自己的血液制成的外用护肤产品。**这个创意来自查尔斯·伦纳斯（Charles Runels）创立的“吸血鬼美容法”。不同之处在于，一旦你的血小板流出体外与某种护肤品的基础成分相混合，它们就会完全失活。而且，用人体血液制作护肤品在欧盟是违法的。
- **不知名的、通过社交媒体销售的产品。**千万不要买！比如那种廉价的黑色撕拉面膜。

- **敲诈勒索般的昂贵产品。**有些品牌专业生产“护肤文案”来诱惑消费者。区区 30 毫升的护肤品都能卖出天价，但却无法提供任何临床试验证明。事实上，护肤品中没有贵到离谱的成分，真的没有。我觉得商家不管怎样，应该有一个最基本的诚信，至少应该让消费者明白，这钱有一部分是花在了包装和广告上。这样的话，如果消费者能负担得起并且很喜欢，那便买。如果负担不起也没关系，可以接着寻找适合自己的产品。这就好比买车，想要真皮内饰和高级音响系统，就需要额外付费，但这些额外费用并不能让我们的车跑得更快。
- **护肤品过度叠涂。**提倡精华薄涂两层甚至三层的，最开始就是我。所以，网友和品牌商经常在 Instagram 上“圈”（@）我。品牌商会定期发布叠涂的演示效果，有人甚至一下涂五层或更多！请牢记，精华能够穿透的皮肤层很薄，而且肌肤能够吸收的量有限，叠涂的话，两三层足矣。
- **廉价的家用微针滚轮（Dermaroller）**[1]。如果你坚持自己在家做，必须在专营店购买有质量保证的微针产品。定期更换，保持无菌。切勿从网上购买。
- **护肤品专用冰箱。**护肤品放在冰箱冷藏并不会提升它的功效，完全没有必要为护肤品专门购进小冰箱。所有护肤品在投放市场前都需通过极端高温和极端低温环境下的稳定性测试，所以无须担心。
- **明星代言的产品。**“我只用这种产品，感觉棒极了！”——恐怕这只是拿钱换的广告词罢了。明星愿意在杂志和电视上为产品做代言，是因为可以兑换一张数额可观的支票。不要轻信这类炒作。做好调查，跟着自己的感觉走。
- **哑光产品。**除了油皮者，其他人根本不需要哑光产品。健康的皮肤都应自带光泽。
- **皮肤科医生的推荐。**一些皮肤科医生一直在反复推荐像理肤泉、雅漾、丝塔芙、薇姿等品牌的产品。因为各大品牌（尤其是法国药妆品牌）每

1　源自德国。是一种带有 0.2–3.0mm 微针的手持美容仪，主要作用是通过破坏皮肤的细胞结构，来刺激皮肤产生胶原蛋白和弹性蛋白纤维。

年都会将大笔营销费用留给这些医生，发展他们成为“下线”，从而直接精准地为他们的产品做广告，这种手段被称为“精准营销”。皮肤科医生就好比政界的说客。每当杂志找他们做优秀产品推荐时，他们会毫不犹豫地说：“我一直都很推荐使用 XXX，这家的产品非常棒，效果堪比专业品牌！”——当然我知道以上列举的这些品牌确实很好，但是也挡不住有不靠谱的产品被推荐。所以，面对这些说辞，我们要懂得去伪存真。

- **远离肉毒杆菌注射派对**[1]。永远不要在“肉毒杆菌注射派对”上做注射，但凡声誉不错的靠谱医生，都不会在喝酒聚会的地方提供这种服务。

  在做之前先问问自己，如果失败了会怎样？这个人能应对我的过敏、出血、晒伤、疼痛、肿胀吗？如果答案不是很肯定，那就不要去做，就这么简单。从法律上讲，连我都可以直接给你注射肉毒杆菌毒素，但我绝对不会这么做。专业的事情要交给专业人去做。
- **日光浴**。更形象的说法是“日光烤肉”。的确，我们需要晒太阳，晒太阳有利于补充维生素 D。我也尊重日光浴，只是希望大家可以谨慎一些。永远不要使用日晒床[2]。
- **纠结于毛孔大小**。停！你的毛孔远没有你臆想中的那么大。你太着迷毛孔了，你说它们大，但是我什么都看不见。能看见你毛孔的除了你的眼科医生，就是你男伴了。医生是在观察你的眼睛而不会盯着你的脸看，男伴要是也嫌弃你的毛孔，你们还在一块干吗？
- **吸烟或电子烟**。无须多言，戒！
- **糖和白色碳水化合物**。避免摄入这类食物，垃圾食品之所以叫垃圾食品，都是有原因的。
- **酒**。戒！尤其是更年期时！没有酒精的麻醉，你的颜值与状态都会更好。

1 肉毒杆菌毒素派对通常是在某人的家中举办，一些水疗中心和诊所也会举办这种派对。
2 日晒床，一种模拟日光浴的器材，能够让人类肌肤暴露在人工产生的紫外线下，通过促进黑色素生成，来达到“美黑”效果。

| 误区 | 一定要用同一品牌同一系列的护肤品吗？

我经常被问到这两个问题：

“你每天用的产品都不是同一品牌的吗？”

“难道不需要使用同一个品牌的同系列产品来保证更好的效果吗?

第一个问题：**“是的。”**我每天都用不同品牌的护肤品，这与每天换衣服、变花样吃饭是一个道理，我一直都是这么轮换着用。即便预算非常有限，我也会换着用。至少是用两种保湿霜、两到三种洁面乳。皮肤每天都有新面貌嘛，护肤品当然要随之更换。

第二个问题：**“不需要。”**不需要使用同一品牌的产品。唯一需要担心的是医生开出的处方级的维生素 A 产品是否与其他产品冲突，当然医生开处方时就会给出明确建议。非处方产品活性成分的百分比很低，所以很少发生相互干扰的情况。

真正重要的是护肤品的使用顺序和产品本身。你的精华液是 XYZ 牌的，保湿霜是 ABC 牌的，那么在使用精华液时，它不会因为保湿霜与自己属于不同品牌就罢工抗议。即使品牌不同，也并不会影响护肤品的使用效果，所以不必太把柜台销售小姐的话放在心上。

我用的护肤品通常含有肽、透明质酸和维生素 A（夜间）等成分，强度配比可能时有变化，但成分一般都是这几种。市面上产品千千万，不同的产品都可以一试（当然，要在预算之内）。下次如果有人说“这款精华液搭配同品牌的保湿霜方能起效”，两个都别买！

SKINCEUTICALS
EPIDERMAL REPAIR
THERAPEUTIC TREATMENT FOR COMPROMISED SKIN
1.35 fl oz
Rich, intensive skin care
For Face or Body
For very dry and rough skin
Certified Natural Skin Care
30 ml ℮
Skin Food Light
Certified Natural Skin Care
30 ml ℮
indeed
huile pour le visage
LA ROCHE-POSAY
LABORATOIRE DERMATOLOGIQUE
TOLERIANE
SENSITIVE
RICHE
SOIN HYDRATANT
Apaise. Protège
HYDRATING MOISTURISER
Soothes. Protects
AVEC DE L'EAU THERMALE DE LA ROCHE-POSAY
PESTLE & MORTAR
HYDRATE
LIGHTWEIGHT MOISTURISER
HYDRATANT LÉGER
Kate Somerville
Goat Milk
Moisturizing Cream
Crème hydratante
dermalogica
intensive moisture balance
dermalogica
barrier defense booster
pixi
skintreats
since 1999
pHenomenal Gel
Neutralizing Moisturizer
Hydratant Neutralisant
1.70 fl. oz / 50 ml ℮
hydraluron
FEED YOUR SKIN

Chapter 5

你需要知道的那些行业秘密

1

欢迎来这个行业探秘

我一直想说说这个话题。我昨天在一本“顶级”美容杂志上看到排名前100的美容产品，说实话，我简直崩溃了——我无比热爱这个行业，你从我这些年的经历就能看出。然而，它是一门生意，而且是一门赚大钱的生意——没有什么比商家试图迷惑欺诈消费者更让我讨厌的了——无论是超市里廉价的馅饼，还是不断往女性消费者脸上丢的垃圾。

所以，这个行业的一些秘密，我觉得你需要知道。嗯，是这样的。这个行业通过迷惑消费者赚了很多钱。你对产品了解得越多，就越不容易被骗。不管是护肤品包装上的文字，还是社交媒体上的广告，行业术语都是大众的雷区。所以，让我们来看看护肤业的行话，熟悉那些文字套路背后的游戏，就如同剖析吉莉•库珀（Jilly Cooper）[1]的写作风格，找出那些被滥用、误用、令人困惑、毫无意义的词语和短语，认清护肤界孰为英雄、孰为奸佞。

低致敏性

字面意思是“引起过敏的可能性很低”。请仔细品读，说实话，这是一个很狡猾的术语，它传达出了较为肯定的信息，却又把自己的责任推得一干二净。这个说法背后也没有任何统一的行业标准或法律准则作为支撑。虽然美国和欧盟有相关规定，但是两边的标准并不统一。说到底，这个术语其实就是给人一种心理安慰。同一个过敏原，一个人严重过敏，换个人却完全没事。

立即吸收

含有人造促吸收成分的产品上会标注“立即吸收”，说明所含成分能够促进

1 吉莉·库珀（Jilly Cooper），英国作家。

产品的渗透，大多数非天然或非有机的精华都含有这类成分。皮肤很聪明——从不贸然吸收任何对人体有害的东西，如果不加以分辨就可以照单全收的话，就不会有激素替代疗法、胰岛素注射这类东西了。皮肤的本职工作就是充当屏障，如果直接吸收了某种产品，那么它一定不是纯天然的。当然，这一点并不会影响护肤效果。

动物测试

动物爱好者实在很被动。动物测试是一大雷区，除非某品牌明确声明“反对”或“不允许”动物测试，否则很可能是做过的。特别是如果该品牌在中国有销售，因为中国政府保留对任何进口货物做动物测试的权利，不过这项法律有望修订。另外，即使最后的成品没有进行动物测试，也并不意味着它所含的成分都没有做过。

欧盟全面禁止动物测试，英国的化妆品也不进行动物测试，但一些坚定的动物保护人士会因一些品牌在华有售而拒绝购买旗下的产品。

想要明确知道一个品牌的立场，你可以直接询问商家：“你家产品的所有成分都没有经过动物测试吗？”“产品在中国有售吗？”如果他们含含糊糊说不清，就按照已做动物测试处理。

> 真正不做动物测试的品牌有两个特征：整个生产过程都严格把关，各成分和最终产品都不做动物测试；奋力宣传。

天然

业内的词语滥用之王，非“天然”莫属。

> 我可以拿一杯胶水，将芦荟汁挤入胶水中，贴上“天然”的标签，将其作为护肤品出售。

“天然”一词背后既没有法律准则，又没有行业标准，若一定要说有什么门道的话，那无非就是产品中确实会含有一定量的所谓“天然（植物）”成分。只要贴上“天然”的标签，消费者就会认为这是健康产品，对自己有好处。当然，一些特别出色的品牌也会把自己放在“天然”范畴内。聪明的消费者要记住：阅读产品成分表，分辨真伪。

不会引发粉刺

字面意思是“不会堵塞毛孔”。怎么说呢？所有号称“不会引发粉刺”的产品不过是一厢情愿，一没科学证明，二未经有效测试。纯天然羊毛脂是一种“不会导致粉刺”的合成羊毛脂的替代品，但拿我来说，任何一种羊毛脂哪怕仅靠近我脸部，不出几个小时，就会爆发若干巨大的白头。所以，这个术语作为参考就行，万不可当真。

有机

一种产品至少要达到某些标准才可以被称为“有机”，所以“有机”比“纯天然”更靠谱一些，至少已经有标准去衡量。但实际上，英国土壤协会、欧盟生态国际认证中心（ECOCERT）[1]和众多国际有机认证机构对“有机”的衡量标准也不尽相同。如果感兴趣，直接去访问他们的官网，看你的预期是否与他们的标准一样。

关闭毛孔

> 毛孔非门，如何随意关闭？

毛孔不会想开就开，想关就关。“关闭毛孔”与“收缩毛孔”之间有绝对差别，一个绝对不可能，一个确实有可能。

丝绸般柔滑

能令肌肤“丝绸般光滑”的产品都含硅（silicone）。查查国际化妆品原料命名清单，任何以词缀“cone”或者“one”结尾的成分都含硅。我并不介意这种成分，

1　ECOCERT是一家有机认证机构，1991年成立于法国，总部位于欧洲，是全球最大的有机认证机构之一。

但是我们需要知道这丝绸般光滑背后的秘密。

天鹅绒般柔软

同上。

经皮肤科医生检测

这个说法没有任何依据，它并不代表该产品确实通过了皮肤科医生的精确审查，而仅仅是经过了“测试”而已。你可能会问：“医生是怎么测试的呢？”答案是：可能医生在自己手上或者病人脸上随便擦了点，看看有没有出现不良反应。所以我从来都不信这样的鬼话。

『世界上的万事万物
都是由化学物质构成』

2
“纯净”的污垢

“纯净”这两个字不管在护肤业还是女性健康产业都值钱得很，甚至价值连城啊。

在过去的数年间，护肤品牌和零售商开始使用诸如“纯净”“绿色”“排毒”等类型的关键词来强调自己的产品特点，用以表明他们的产品比“化学”产品更安全。从目前态势来看，这种走向有愈演愈烈之势，说实话，这让我颇为“审美疲劳”。作为消费者，如果你知道自己对某些成分过敏，大可不用，这是最好的解决方法。但是，这些词的反面是“污浊”“危险”“毒素”，谁又愿意将自己置于危险境地呢?

瞧，这就是销售手段。

一些大牌和零售商挖空心思地暗示消费者，这些化学护肤品会对你的健康造成伤害——实际上，这并不是基于科学研究基础上的事实，这么说无非就是想推销自己的产品而已。

现在的情况是，那些所谓的“纯净”品牌在广告和包装上宣传自己“不含某些成分”，至于包含哪些成分，似乎全然忘记说明了。所以，作为消费者，我们需要清醒处之，只有了解产品的核心——成分，才能不被忽悠，也才能找到真正适合自己的产品。

他们甚至会把一些根本不会用于护肤品的成分列在“禁用”成分清单里，还装出一副立了大功的样子。

这就像一脸骄傲地宣布：“本款酸奶未添加胡萝卜素”。

结果呢？顾客被骗得团团转。每当真正关心皮肤的人得知自己用的护肤品含有“六种可疑成分”、“十二种受污染的成分”，以及其他“禁用”成分时，便会心生恐惧、愤愤不平。

> 好在科学是真实的，不管你信与不信。
>
> ——奈尔·德葛拉司·泰森[1]

真正的科学和科学家被忽视了，零售商靠着自创的“伪科学”大肆捞钱，而合法的、实证的安全性评估却显得毫无意义。

大名鼎鼎的品牌丝芙兰（Sephora）现在就有一个“纯净”专区，他们声称专区内的产品是“安全的”“无毒”的，那难道专区外的其他上百种产品都含“毒素”？我很难相信此种言论出自拥有高科技实验室的丝芙兰之口。讽刺！

杂志 *Allure*（《魅力》）有自己的一套“Allure 标准”；创立不长时间、但很快便声名鹊起的品牌 Credo Beauty[2] 有所谓的“肮脏清单”（是的，真的有）；高喊致力于保护人类与地球、制定最“纯净”护肤标准口号的美国品牌 Beautycounter 有“绝对禁忌清单”，列出了近 1800 种他们不会用的成分，但其香水却仍然会用精油作为香料——护肤界公认的过敏原——作为基本调和油。

CAP 美容商城[3] 称自己所引进的产品均为“100% 非人工合成”，其著名的口号是：“High vibrational 之美从这里开始。让大自然母亲进来，让阳光进来。”

“排毒”市场的营销广告主打：“绿色美容品牌，为生活排毒”，好像我们整天都生活在砒霜中似的。而 Goop[4] 公然发表文章将个人护理产品中所谓的“有毒”化学物质与过敏、自闭症、多动症、可怕的癌症联系起来。实际上这些观点背后没有任何科学依据作为支撑。

为了兜售自己的言论，他们还一再拿美国环境工作组（EWG）[5] 的言论说事，因为此组织曾发出警告：“FDA 并没有严格管控个人护理产品”——这绝对是罔

1 英文名为 Neil deGrasse Tyson，美国天体物理学家、行星科学家。

2 创立于 2015 年，有“健康版”丝芙兰之称。

3 CAP 美容商城，于 2015 年开业，宣称货架上的任何产品都是 100% 纯天然。

4 Goop，美国互联网生活方式品牌，创始人为好莱坞女星 Gwyneth Paltrow（温妮丝·帕特洛），因营销有害的产品和治疗方法而广受批评。

5 环境工作组（Environmental Working Group）是美国的一个激进组织，专门从事农业、有毒化学品、饮用水污染和企业问责等领域的研究。它发出的警告曾被贴上了“危言耸听”“恐吓”和“误导”的标签，广受各界批评，但却一直具有影响力。

顾事实的谣言。谣言不会变成事实，重复再多遍也不会。

“纯净”行业会想尽办法告诉你：任何人为的、人造的东西都不好，对环境有害，也不利于人体排毒，会威胁到你和家人的安全，必须坚持用纯天然成分的产品，尽可能杜绝人工“合成”成分。

具有讽刺意味的是，他们将自己与“可持续发展”联系在一起。可上述行为明显与“绿色”“自然”背道而驰，难道无情地掠夺地球上的“天然成分”是环保？是可持续发展？曾几何时，人们一直认为棕榈油是“绿色可持续的产品”，但是，看看现在吧，棕榈油的过度生产导致大量棕榈树被砍伐，这种过度砍伐意味着地球捕获二氧化碳的能力减弱，使地球更容易受到气候变化的影响，随之而来的是森林火灾、地质灾害，生物多样性也遭到破坏。

我比较鼓励大家尽量用成分简单的产品，如果你喜欢，可以选择主要为植物成分的。如果实在觉得对羟基苯甲酸酯（见第 238—239 页）不安全，那就放弃使用含这种成分的产品（短链对羟基苯甲酸酯是经多次安全测试的防腐剂，用于化妆品中的剂量是绝对安全的）。忘记那些所谓“毒素”的说法，从你的生活和习惯出发，做出最公正的选择。

> 标签上写着“天然”或“有机”，并不意味着它对皮肤更友好。

需要了解的事实：

- “自然”“纯净”“绿色”这三个词的使用完全**不受监管**。
- **毒性和剂量相关**。如果你遭遇毒蛇咬你，其毒液的量可能会将你置于死地。但如果提取这种毒液并用它来制造抗蛇毒血清，它就可以挽救你的生命。这时候它便不再“有毒”。再如，我们都知道苹果核中含有杏仁苷，人摄入杏仁苷后会释放氰化物到血液中，但不用担心，身体发觉不对劲后就会启动自己的防御机制去处理它——这是身体免疫系统的本职工作。所以，一定剂量范围内的摄入对人体无害。
- **所有**成分都需要经过一系列化学处理才能制成产品。
- 众所周知，对皮肤来说，合成香料比天然香料（如精油）**更安全**，因为它们会经受更为全面、严格的测试。

- 知名品牌和零售商销售的非处方护肤品（与化妆品）都**不含“毒素”**（此处不是指独立销售或在 eBay 等零售网站销售的“不含防腐剂”的“厨房自制”护肤品）。
- 市场上有不含铅的口红。
- 除臭露不会致癌。
- 水也是一种化学物质。

江湖骗子最想让你把钱包里的钱掏出来。不要让他们得逞，当然也不必过于敏感。像我，我也会选择很多“天然护肤”领域的产品。当然，这并不是因为他们的广告打得好，而是因为我胸有成竹，对自己的知识储备充满自信。

相信我，我从来不会被虚假宣传所迷惑。

※ 市面上的大部分口红都含有微量的铅，但是其含量都经过严格控制与测试。从科学角度来说，这些口红并不会对你的健康造成损害。铅不是化妆品的成分，它存在于制造口红的染料中。如果你实在担心铅，那我劝你也多关心一下放入你口中的东西，自来水与蔬菜中都含有铅元素。

什么时候用“纯天然”护肤品？
什么时候用“化学”护肤品？

关于成分，大家总爱问“这是纯天然的吗”，我总是回答“你觉得是，就是”。因为一切护肤品都介于“天然”与“化学”之间，所以我一般称之为“以XX为主的”产品。

> **从技术上讲，所有物质都是化学的，包括水。所谓“纯天然”护肤品、“化学”护肤品，基本上是由产品的行销方式决定的。**

以化学成分为主的产品：即非“天然”产品，除植物成分外几乎都是非“天然”的。

以天然成分为主的产品：这是为吸引喜欢“纯天然”概念的消费者而生的——大部分成分为天然的，也含有一些非天然成分。

以有机成分为主的产品：即主要含有有机成分的产品，通常会给出有机成分所占百分比。通过这个概念，商家能够赢得一群来自“纯净”大军的忠实拥趸。

即便最好的**眼部卸妆产品**，如贝德玛（Bioderma）、纳斯（Nars）、娇韵诗（Clarins）和夏洛特·蒂尔伯（Charlotte Tilbury），也无一不含化学物质。这些物质能清除皮肤表面的污垢，我对这些化学成分完全接受。如果想用天然产品，可以选择以杏仁油为主的产品。但对我来说，杏仁油的质地略显厚重，残留的物质会导致我的眼睛浮肿。

有时候，**洁面产品/二次洁面产品**会被用来做面部按摩，所以，我一般选择含优质油脂或牛奶成分的产品。就其本质而言，天然成分、化学成分兼而有之。

酸/精油。根据定义，都是化学成分为主的。但，好用！

眼部产品。可以用纯天然成分为主的，也可以用化学成分为主的，但是我——一位有明显岁月痕迹的成熟女性——大部分时间会选择后者。天然的虽然用起来舒服，但如果你想修复细纹，尤其是眼部细纹，不用经大牌实验室测试、生产的化学产品是不行的，几乎**所有**的“纯天然”产品都有这个缺陷。

精华。我几乎一直都在（乐呵呵地）用着以各种化学成分为主的精华。原因如下：如果你已经 20+，不管你的生活习惯如何，皮肤或多或少都会出现衰老的迹象（没有例外）。如果想逆转这些迹象，必须用化学物质。如果坚持选择“绿色”“有机”产品，可以，这是你的信念。可是，抱歉！我真想不出有什么“绿色”产品能像人造分子（想想类视黄醇）那般真正做到逆转晒伤、色素沉淀等痕迹。尽管很多人对玫瑰果油的淡疤能力津津乐道，但其实玫瑰果油不如维生素 A 产品切实有效。有些文案将它宣传为“视黄醇的天然替代品”，但实际上这两种成分没有任何可比性。肽（缩氨酸，见术语表）的情况与之类似。科学证明，肽对皮肤有明显且真实的影响，但它也是实验室合成的产物。

精华是护肤动力之源。在所有护肤品中，精华担负的责任最重大，它是我们日常使用的有最强“活性”的产品。所以，毋庸置疑，选择以化学成分为主的产品，且一定要**舍得花钱**！

但也有**例外的时候**，如我想为肌肤补水时，或者使用含硅比较多的保湿霜时，我就会使用有机精华液。

保湿霜。这是我混用“化学”和“天然”产品最多的一个类别。我非常喜欢有机 / 天然为主的有舒缓、保湿效果的润肤霜。除了喜欢在化妆前涂抹它，也喜欢在涂抹“仿晒”(Self-Tan) 产品前用它，因为不含硅的产品会让肌肤呈现出更好的小麦色。

不过如果我觉得皮肤需要一点“哇哦”的效果，我就会选用含高活性成分的高科技产品。比如，凯特 · 萨默维尔（Kate Somerville）/ 泽伦斯（Zelens）的精华液搭配塔塔•哈珀（Tata Harper）的保湿霜效果很好；同样地，泽伦斯 / 凯特•萨默维尔的保湿霜搭配塔塔 · 哈珀的精华液也很 OK。我喜欢把几个品牌的保湿霜与精华液混合在一起用，它们都是含硅的产品。但是，以我的经验，如果你同时叠加使用含硅的精华、保湿霜、防晒霜、粉底，则很容易在脸上“搓泥”（即不被吸收，在皮肤表面结块）。我非常不喜欢这种感觉。

有机:“是”与“否”?

经常有人问我“有机”和“化学”的区别，我也经常遇到“天然”一词误用的情况。“有机”到底是什么意思呢？他们所说的“有机”是真的“有机”吗？

在撰写本书之时，英国就有8个不同的认证机构提供有机认证服务。世界范围内，认证机构数量则更多，而各个机构的认证标准却不尽相同。有时候一个机构认定为有机的产品，到另一个机构可能尚未达标。所以这个问题不好回答。

一般情况下，如果有人问我“这是纯天然的吗？”或者“这是有机的吗？”，我总会回答：“看和什么比喽。”

如果“有机”这个概念对你很重要，那就需要你将其认真彻底地研究一番。可能你买的产品确实是从土壤中生长出来或从大自然获得的，但是否在培育、加工和生产过程中也做到有机呢？这就值得商榷了。

真正对生产有机产品痴迷且负责任的品牌，一定会严格要求自己。他们会将产品的来源和生产过程交代得十分清楚。**若是三缄其口，恐怕有鬼。**

| 误区 | 排毒（DETOX）

“排毒”的定义

［名词］ 1. 一种旨在清除体内有毒或有害物质的治疗方法，尤指酒精和毒品。例句：“他的戒毒时间是三个月。”

［动词］ 2.（使）排毒，（使）戒毒。戒除或接受治疗，将有毒物质排出体外，尤指酒精和毒品。例句：“他住进医院进行戒毒。”

无论“纯净”或“绿色”派让你相信什么，在真正规范的食品、护肤品领域，根本就没有“排毒”这一说。人类其实有自身的排毒系统——我们的肺、肝、肾和皮肤都是排毒器官。除了在具备条件的医院和戒毒所的监督下进行排毒，任何将这个词用在别处的行为，都是无稽之谈。

排毒霜、排毒茶、排毒足贴、排毒直发器、排毒面膜……太多了。要真有谁的身体“充满毒素”，情况好的话应该身患重病；情况坏的，早就一命呜呼了。品牌商们，为了销量，请不要劫持“排毒”这个词！想要保持健康，你只能这样做：

- 多喝水——不是雪碧、可乐！
- 戒烟
- 吃好——至少要降低糖和白色碳水化合物的摄入量
- 锻炼——哪怕是散步、做伸展运动
- 摄取足够的阳光，或者补充维生素 D

这才是货真价实的“排毒”。

3

解读成分清单与产品说明

现在，我们对护肤品的营销策略也了解得差不多了，可以继续往前走，来看一看护肤品的配方和成分，这样你就对自己皮肤所需要的产品有更深的了解。想要读懂这张成分清单的确有难度，除非是美容专家或训练有素的业内人士。但是对于护肤行业来说，最核心的“行话”就在这张标签上。说到底，我们花钱买的就是这些，而包装和营销均非基于科学。

如何读懂成分表?

首先，**成分表只是一个指南**。成分的分解除了原始配方师、配方持有者和生产实验室的工作人员外，没人能掌握，所以，你需要抓住一些要点。读懂成分清单不仅能为自己节省时间、精力，还有金钱。

根据法律规定，**标签上的成分必须按所占比重依次列出，从浓缩度最高的开始，到浓度低于 1% 的结束**。如在保湿乳液中，通常是水排在首位，之后是甘油、透明质酸等物质；如果是质地较为浓稠的乳霜，则乳木果油、角鲨烯和脂肪酸等物质会比较靠前。这不难理解。

比较难的是如何弄清楚低于 1% 的那些成分，因为这些成分可以按照任意顺序列出，法律并未规定必须按百分比递减的次序排列——这就是品牌可以为自己“加戏”的地方了。

如果一个品牌声称某款产品含“25 种活性成分”，我敢保证，其含量基本都在那 1% 的门槛以下。这种做法非常普遍，因此还诞生了一个专门的术语——“天使的尘埃”(Angel Dusting)，专指各大品牌在配方中添加的微量活性成分，只为能在宣传时吸引消费者的注意。从法律角度来看，该成分确实已被证明可以达到某种美容效果，且通过了临床测试，产品中也含有这种成分，但是，其实际的含量根本达不到上述效果。**营销的手段，消费者的错觉**。所以自己进行甄选时，你需要掌握以下要点：

- **苯氧乙醇和对羟基苯甲酸酯**，成分表中这两种防腐剂可以作为**判断的依据**。欧盟规定，化妆品中苯氧乙醇和对羟基苯甲酸酯的含量不允许高于1%，所以，你知道，这两种成分后面列出的任何成分，其含量都小于 1%。但是，如果一个品牌大张旗鼓地宣称其含有大量“活性”成分，但在成分表上却将之列在了这两种成分之后，那么可以肯定，这些成分远不如它所宣传的那么有“活性”。但这里有一个例外——视黄醇，其浓度通常为 0.3% 或 0.5%。除了视黄醇，护肤所需的肽、维生素和大多数其他活性物质的浓度都要高于 1% 才能发挥效果。所以，有这两种防腐剂做参照物，并不需要你去做精确的科学测试，根据成分表中的顺序就可以轻松辨别。
- **酒精**。如果酒精是某种产品的主要成分，或者在成分表中位列前三，我希望这种产品是酸或某种防晒霜，因为在这些产品的配方中，酒精是必需品。酒精是一个庞大而多样的化学品家族，有多种不同的称呼，如变性酒精 / 变性乙醇、异丙醇、SD 酒精或苯甲醇等。一般来说，除了酸或防晒霜，护肤品中的酒精浓度过高对皮肤没有多少益处，最好避免使用。

配方为王，多多益善吗？

如果你花点时间逛逛社交媒体就会发现，现在各大品牌对其配方中所含关键成分百分比的炫耀甚至达到了竞赛水平，如“含有 25% 的酸”和“含有 20% 的维生素 C”。可是，谁的皮肤需要这么高浓度的酸和维生素 C 呢？这只会增加皮肤过敏的风险。用这么高强度的产品必须在专业医生指导下进行，同时也需要坚固的皮肤屏障作基础。

单一成分配方品牌及其营销方式的兴起，虽然最初被认为通过不拐弯抹角的语言和简单的行销方式使得美容行业的环境单纯了些。但因为消费者没有得到适当的引导，反倒会购买多款产品甚至多余产品。这导致在很多情况下，消费者患上了“化妆品不耐受综合征”，即“化妆品不耐征”。

专业人士绝对不会建议你使用高百分比的酸，其次是高百分比的维生素 C，然后是一些“活性物质”，如烟酰胺或对苯二酚。理由很简单：它们的功效过于强大。

大多数情况下，护肤原则我们需遵循：少就是多。

> **百分比高不代表好用，配方是核心。**

“关键成分”是什么意思？

关键成分指配方中添加的那些“活性成分”，这些成分可能会为皮肤带来肉眼可见的改变。我们花钱的目的就在于此。

抗炎成分

如果皮肤红肿且有加剧倾向，可选择含以下成分的产品：

- 芦荟
- 壬二酸
- 洋甘菊
- CoQ10（辅酶Q10或泛醇）
- 小白菊提取物
- 绿茶提取物
- 甘草萃取物
- 烟酰胺
- 燕麦
- 碧萝芷
- 锌

抗氧化剂

抗氧化剂有助于保护皮肤免受外部灰尘和自由基的伤害，你买的每一种产品（洁面产品除外）几乎都含有抗氧化剂，所有人都需要这类成分：

- α硫辛酸
- CoQ10（辅酶Q10或泛醇）
- 绿茶提取物
- 白藜芦醇
- 姜黄或姜黄素

- 维生素 C
- 维生素 E

补水保湿成分

如果你是干性皮肤或脱水皮肤，可以选用含有以下成分的保湿霜或面部喷雾：

- 甘油
- 透明质酸
- 角鲨烷
- 尿素

色素沉着问题

以下成分能够提亮暗沉肤色，最大程度上减轻色素沉着的影响：

- 对苯二酚
- 曲酸
- 烟酰胺
- 维生素 C

肽类

如果你在寻找抗衰老（尽管我讨厌这个词）产品，认准一个“肽”字就行。肽是一组活性成分，从帮助胶原蛋白的生成到抚平皱纹，无所不能。肽属于高科技成分，精华中常常含有大量的肽，故而含肽类的优质精华往往价格不菲。

抗衰老成分

变老是生命的基本规律。如果想要缓解皮肤衰老，可以寻找以下几类成分：

- 肽
- 维生素 A（类视黄醇）——维生素 A 适合所有皮肤类型，尤其是适合 30 岁以上人群使用。
- 维生素 C——维生素 C 对促进胶原蛋白生成和帮助强化毛细血管壁至关重要。

维生素和矿物质

维生素和矿物质对皮肤护理至关重要，它们种类繁多，存在于大多数精华液和保湿霜中。

- 维生素 A——即前面提到的类视黄醇，是护肤产品中的黄金成分。
- 维生素 B_3（又名烟酰胺）——可以促进神经酰胺的产生，从而为强化皮肤屏障提供支持，也有助于改善炎症后色素沉着。
- 维生素 C——最常见的维生素，也是市场上被研究最彻底的抗氧化剂。
- 维生素 D——维生素 D 对皮肤基质有强化和支持作用，可以增强皮肤的防御功能。
- 维生素 E——抗氧化剂，能够支持和促进其他成分的吸收，如：维生素 A 与维生素 E 产品配合使用已被证实能发挥更大功效。

4

“活性”成分、“非活性”成分

以前“活性”“非活性”的概念只用于描述与药物成分相关的物质，而现在，作为一种营销手段，整个护肤品行业都在用。

活性成分

当用在被当作药物的产品中时，活性成分被宽泛地定义为：“用于药品制造中的某些成分，此种物质对疾病的诊断、治疗、缓解或预防有直接影响，或能直接影响机体的功能或结构。”

关于活性成分，不同的国家和地区有不同的界定，像维甲酸 / 维生素 A 酸、酸，以及防晒产品中使用的氧苯酮和阿伏苯宗等（在美国，防晒产品被认定为药品），都可能属于“足以改变皮肤结构的活性成分”。在处方级别的维生素 A 产品中：维甲酸因浓度高而被归类为药物，是“活性成分”，而其他成分为“非活性成分”，因为它们（1）是配方中的辅料，（2）不能改变皮肤结构。在各种药物配方中，其活性成分被允许使用的最大剂量都有自己的规范。

> ### 护肤品中的“活性成分”如何界定？
>
> “活性成分”被定义为具有某种功能的成分或化合物（包括天然成分、化学成分），它对修复皮肤损伤或应对某种特定问题最有效。所以，当品牌方大力宣传自己产品中的活性物质时，其背后真正的用意是：“看，你的钱都花在了这上面。”

非活性成分

护肤品的包装上，非活性成分经常被忽略，或降级为很小的字体，因为很多人认为“非活性成分”意味着“对皮肤没有作用”。不是这样的，它虽然不改变皮肤结构（“活性成分”可能会改变皮肤结构），但并不等于它对皮肤没有影响。非活性成分通常被称为“载体”，它负责将活性成分输送到皮肤所需要的地方，如表皮或真皮层。其中的一些成分还能保湿皮肤，增强活性成分的性能，防止微生物生长和化学分解等。

绝大多数情况下，非活性成分其实就是产品的主要成分，如水、基底油等。只有将活性成分与非活性成分完美配合的产品才是真正有益的！

一些聪明的品牌商会用粗体字来突出显示“活性”成分。不得不说，这些人十分善于营销，但如果你懂，就可以轻松识破他们的小心思。

非活性成分中读者问的最多的，如酒精、基底油、香水和硅等，它们也可以充满活性——假如你不小心用了含高浓度酒精的产品，恐怕会让你的皮肤变得异常“活跃”。

> 如果把护肤品比作一块培根三明治，那么培根应该属于“活性”成分，但对于麸质不耐受或小麦过敏的人来说，三明治中的面包就是活性成分。

别老是被市场宣传牵着鼻子走，要认真阅读成分标签，对自身不耐受的“活性”成分、“非活性”成分加以辨别，找到适合自己的产品。

对羟基苯甲酸酯（防腐剂）

几乎每天都有人问我：对化妆品和医药产品中的化学防腐剂对羟基苯甲酸酯有何看法，还有一些人直接表达了对我的不满，说我推荐的东西“有毒”“会让人得乳腺癌”（呃，不是吧）。

简而言之，对于这些“义愤填膺”的朋友，我会礼貌地加以解释，但是对于那些散布谣言的网站，我也会怒斥：“简直是一派胡言”！我不喜欢那些为达到销售目的，在“纯净”领域使用“有毒”这个词来吓唬人的网站和品牌。比如，有的公司一边喊着护肤品业炮制“无毒”一词太虚伪（因为“无毒”意味着“绝对没有毒性”），一边推出一系列所谓的“无毒”产品。

> 当然，谈到“毒性”问题时，不谈剂量等于耍流氓。
> 被毒蛇咬到可能会死，但取点毒液做成抗蛇毒血清，就可以救你的命。此时，你就不能说它是“有毒的”。

2002 年，专家启动了一项针对 20 名女性的研究，发现有 9 种对羟基苯甲酸酯存在于乳腺癌患者的肿瘤中，但是没有肿瘤或癌症的乳腺组织中也有这种物质——它们大多出现在研究对象的尿液里，因为人体将其分解后，会通过尿液排出体外。

我虽然既不是医生，也不是美容科学家，但从业那么多年，我从没遇见一例对专用配方中的对羟基苯甲酸酯过敏的人。

虽然美国在护肤产品的成分监管方面做得不够好，但 FDA 确实在大量研究的基础上，已经为对羟基苯甲酸酯洗刷了污名，指出它“在化妆品中所使用的剂量完全安全”，欧盟和加拿大的管理机构也得出了同样的结论。

所谓“纯净”行业炮制出的种种安全论调已经到了喧宾夺主的地步，原因就在于品牌商的逐利心理。为了赚钱，他们不惜兜售危言耸听的“无毒”概念，令消费者走进所谓主流思想的圈套，但是，在科学的世界里，“纯净”不过是一个不入流的谎言。

5

试验与研究：究竟意味着什么？

在测评新产品时，我经常会遇到所谓的“临床试验”和“独立研究”这种说法。这基本上是他们的常规操作，品牌方其实是想给消费者出示一项“证据”，来证明他们的产品的确有所承诺之功效。但是，若基于不够充分或不相关的测试而提出这些声明，问题就出现了，它们可能会以消费者不太容易理解的说法出现。

以下用最简单的方式解构这两个概念：

消费者试验 / 消费者研究

我们经常会在广告的小字上看到类似这样的表述：“在一项针对 80 位女性的研究中，67% 的人认为该产品能让肌肤更加水润。”

这些“试验”有个硬伤：我们不知道这 80 位女性的基本信息和皮肤类型。同样的保湿霜，若是给一位只习惯用肥皂和水洗脸的年长的老人使用，可能会收获奇效；但是，如果换作是我，那完全不起作用。

在很多情况下，“消费者试验”的说法只是一种伪装成事实的营销手段。50 位女性中有 35 位认为这种产品增强了皮肤的紧致程度，可能并不假，但她们以前的皮肤情况如何？在女性群体中的基本水平如何？属于什么年龄段？皮肤是否开始长皱纹？是否有粉刺？属于敏感皮肤吗？等等。这些关键信息我们无从得知。

“消费者试验”仅仅是基于参与者根据自身体验提交的书面反馈，并未经过实验室显微镜下的详细研究。

临床试验

临床试验的内容包括在产品使用前、使用期间和使用后对参与者的定期监测，研究人员会通过各项测试来得出结论，包括使用激光皮肤轮廓测量仪等设备，同时会严格监控使用剂量，从而验证产品的有效性。

针对护肤品的体外试验是一种最常见的临床试验。它的拉丁语为“IN VITRO”，意为“在玻璃中”（想想试管、培养皿，是不是都为玻璃材质）。它的问题在于，培养皿中进行的护肤品测试结果不能照搬到活人身上，所以我认为基于体外试验的观点并不可靠。它所传递的信息基本上是在说：“用了以后可能会出现这种情况，也可能不会出现。”这就如同戈登•拉姆齐（Gordon Ramsay）[1]为你做了一顿饭，看似十分美味，但是具体味道如何，吃到口之前谁都说不准。

“体内试验”的拉丁语为“IN VIVO”，意为“在生命体身上”。由于体内试验不是在玻璃材质的试管、培养皿中进行，而是直接用在会呼吸的人体上，所以体内试验是最可靠的测试形式。但体内试验的成本非常高，小品牌承受能力有限，即使品牌承诺做过体内试验，大多数情况下参与人数也不会超过 50 名，测试时间也比较短暂，仅为 4—12 周。

你知道，我们每个人的皮肤都有自己的问题，这种小规模的试验远远不适用大多数人。那么，你、我、攥着血汗钱的其他消费者，该何去何从呢？

虽然我一般会重视全面临床试验的结果，但老实说，我最看重的是产品口碑。如果一位朋友用过某款产品并且真实评价了它，或是我很尊敬的一位同行对其不吝赞赏，我就想试试。

| 误区 | 干细胞产品

干细胞

[名词]

一种未分化的细胞，可以根据身体的需要转化为特定细胞，如血细胞。它们存在于胚胎组织和成人体内。

最近市场上涌现出不少“干细胞”美容产品，当你发现某个护肤品牌暗示**植物干细胞**可以影响人类的皮肤细胞时，你就一定要小心了。

1　英国厨师、餐馆老板、作家。

利用肽来刺激皮肤并产生胶原蛋白，这是一回事，但如果说路边买来的康乃馨能延缓衰老，并“唤醒”死亡细胞，这又是另外一码事。

在医学研究中，干细胞通常指来源于人体组织的细胞。欧盟明令禁止在化妆品中使用任何来源于人体组织的成分，所以护肤产品中的干细胞一般来源于植物提取物。

区区植物干细胞就能影响人类皮肤？它没这么大本事。

如果人体中“死亡”或“无反应”的细胞真能被“唤醒”，科学家不是早就攻克瘫痪问题了吗？

|误区| 专业与医用级别的产品

目前在护肤品零售商和百货公司销售的很多产品常常标榜自己为“专业”或“医用”级产品。委婉地说，这种行为很虚伪；不客气地讲，它实在有辱顾客与专业人士的智商。一般来说，只有产品中含有较强的活性成分，比如酸和类视黄醇，才可贴上“专业”或“医用”的标签。

以医用级果酸换肤产品为例，只有通过资格认证、持有执照的美容师和诊所，才有资格购买真正的“专业”“医用”级的换肤产品。普通消费者未经培训，使用起来安全性存疑，所以不能随意购买。

如果我用改良版的耶斯纳焕肤液（modified Jessner peel）[1]为客人做换肤，pH 值我会调到 1.5。那按照大部分传统美容院的建议，皮肤每周要剥脱三次才能达到一定的效果，强度这么高，一周三次，皮肤哪能承受？这是你自己永远也达不到的强度，这种产品才能称为“专业级”。

现在的护肤行业鱼龙混杂，很多从业者，甚至品牌掌舵人都不具备相关的专业资质，他们口中所谓的“专业级”又有几分可信度呢？

很多产品包装上所谓的“专业”“医用”字眼，只是为了给顾客留

1 改良版的 Jessner 溶液是 17% 乳酸、17% 水杨酸和 8% 柠檬酸的组合。

个好印象，让他们以为自己真能收获“专业”级别的修护效果，其实并不能。

同样的道理也适用于其他产品。有的面霜、精华液制造者都敢说自己能达到临床专业诊治的疗效，这真是在贬低大众的智商了。

6

500 道尔顿法则

我已经听到你在喊："什么是道尔顿?"作为普通消费者，其实你完全不需要了解这个术语。我之所以想要说说，是因为有些品牌和网站谎称皮肤能吸收的护肤成分高达 60%，这种说法让我忍无可忍。500 道尔顿法则是化妆品科学家、药剂师、美容师和皮肤科医生工作中的指导方针之一。我在做测评和推荐时，脑袋中也总是想着这条法则。也正是因为这一法则，专业人士有理由对这些品牌的荒谬文案嗤之以鼻。

500 道尔顿法则是一个科学理论，是指化合物的分子质量必须低于 500 道尔顿，才能被皮肤吸收。尽管这条规则也有一些例外情况，但它通常被作为制药、化妆品行业所遵循的标准法则。

我们的皮肤分为三层，几千年来，各层完美贴合、协同工作才进化到了现在的模样。皮肤作为身体的屏障，阻止外界物质进入体内，但这个屏障显然不是牢不可破的。

关于 500 道尔顿法则的观点众说纷纭，但以下几点很明确：

- 最常见的接触性过敏原都小于 500 道尔顿。大分子过敏性物质因为不能穿透皮肤，所以不属于接触致敏剂，也不能称之为过敏原。
- 外用处方药的最常用成分都小于 500 道尔顿。
- 所有已知的经皮吸收制剂的外用药物都小于 500 道尔顿，例如，睾酮激素贴片的分子质量约有 288 道尔顿，激素替代疗法（HRT）[1] 皮肤贴剂的工作原理与之相同——都是透过皮肤将其有效成分输送到血液中。
- 虽然也有一些例外情况，但大多数研究人员都建议，所有用于医药目的的药物成分都应小于 500 道尔顿，以确保人体能够吸收。

1 hormone replacement therapy，激素替代疗法。

以下是一些关键护肤成分的道尔顿数据：

水——18 道尔顿

视黄醇——286 道尔顿

视黄醇棕榈酸酯——524 道尔顿（大于 500，不能穿透皮肤，所以含有大量视黄醇棕榈酸酯的产品虽然在短期内可以为肌肤带来光泽，但不能促进胶原蛋白生成和细胞更新）

多肽——578 道尔顿

甘油——92 道尔顿

乳酸——90 道尔顿

胶原蛋白——1.5 万至 5 万道尔顿

透明质酸——100 万至 150 万道尔顿

超低分子量透明质酸——1 万道尔顿

极低分子量透明质酸——6000 道尔顿

“500 道尔顿法则”以多种方式在护肤界发挥作用。作为一名护肤品消费者，只需谨记以下几点：

- 配方和输送方式是皮肤吸收有效成分的关键。
- 护肤专业人士建议将预算的大头用在护肤流程的“中间”（指精华）地带，500 道尔顿法则或许能够解释这一建议：精华往往含有最有效的成分，且低于 500 道尔顿。你不需要将一大笔钱花在昂贵的润肤霜上（除非你愿意），虽然它的“使用感”好，因为它质感细腻、封闭性好，能够防止跨表皮水分流失，但实际上，不同价位的保湿霜功效相差不大。
- 500 道尔顿法则是一个可靠的方法，在“绿色”“无毒”之类的谎言漫天飞的情况下，它能够帮助消费者清楚地、科学地辨别谎言，其中就包括“涂抹在皮肤上的防晒霜，60% 的成分会立即被血液吸收！”之类的废话。谣言止于智者。

『皮肤是道屏障，并非一层海绵』

术语表

欢迎来到护肤的世界！以下列出本书所涉及的护肤术语，辅以我的一些点评。

500 Dalton Rule	500 道尔顿法则	分子量大于 500 道尔顿的化合物不能渗入皮肤，它通常是化妆品制造商所参考的标准法则。
acid mantle	酸性保护膜	皮脂与汗液的混合物形成皮肤表面的微酸性薄膜，能起到保护作用，防止细菌和病毒等的侵入。
acne	痤疮	或称“寻常痤疮”，是一种皮肤状态，表现为皮肤出现脓疱、丘疹或结节，它不是青少年特有的，也不是由灰尘引起的，激素、基因和环境才是造成痤疮的关键因素。
AGEs	晚期糖基化终末产物	是指蛋白质或脂肪与血液中的糖结合时形成的有害化合物。
AHA	α- 羟基酸	如乳酸、乙醇酸等——用于去角质的化学物质，通过促进角质脱落从而使表皮恢复光泽。
alpha-lipoic acid	α- 硫辛酸	一种酶，当被涂抹于皮肤上时，是一种很好的抗氧化剂，能够镇静皮肤。
angel dusting	天使的尘埃	品牌不良营销的一种惯用手段。商家在其产品中添加极少量的活性或昂贵成分，但却在包装上予以夸张描述。
antioxidant	抗氧化剂	在市场营销文案（以及本书）中的常见词，指的是有助于防止氧化的分子。氧化是一种化学反应，会产生自由基。抗氧化剂是可以保护你的身体细胞免受自由基侵害的物质。
astaxanthin	虾青素	一种强大的抗氧化剂，可以通过服用补充剂获得。
azelaic acid	壬二酸	一种天然存在的酸。它有助于皮肤更快地自我更新，并减少粉刺和黑头的形成。它还有助于杀死导致痤疮和酒渣鼻的细菌。

续表

bakuchiol	补骨脂酚	一种植物来源的产品，在孕期和哺乳期被认为是类视黄醇的合适替代品。两者对皮肤有类似的效果。
barrier function	屏障功能	在本书中，我经常提到这一术语。皮肤屏障主要位于表皮的最上层，即“角质层”。柔软丰满的皮肤是屏障功能良好的标志，屏障功能受损会导致皮肤暗沉、粗糙、干燥。良好的皮肤屏障功能是维持皮肤温度、防止外部环境侵害、保持肌肤水分的关键。
basal cell carcinoma	基底细胞癌	皮肤癌的一种，在皮肤上呈现为略微透明的肿块。大多数基底细胞癌被认为是由长期暴露于阳光中的紫外线辐射引起的。避免阳光直射和使用防晒霜有助于预防皮肤癌。
BHA	β- 羟基酸	如水杨酸。
bookends	书挡	用来形容日常护肤流程中的洁面与保湿产品。
benzoyl peroxide	过氧化苯甲酰	一种治疗痤疮的外用药膏，非处方产品，在美国的流行程度超过欧洲。
CIBTAC	国际美容治疗及美容师联合会	为培养美容治疗师而设立的组织，也是国际美容考试的机构之一。
CIDESCO	国际美容师协会 / 圣迪斯哥国际美容师文凭	国际美容治疗和身体美学检查领域的权威认证机构。
collagen	胶原蛋白	皮肤和身体大部分组织的支架，是一种赋予皮肤结构的蛋白质。
comedogenic	致痘成分	会阻塞毛孔的成分。
comedones	黑头粉刺	皮脂堵塞引发的黑色或肤色小斑点。闭口粉刺 = 白头粉刺，开口粉刺 = 黑头粉刺。
Cosmelan	科斯美兰	一种专业换肤疗法，旨在减少顽固和密集的色素沉着过度和斑点，包括临床治疗和后续面霜护理两部分。
coQ10/ CoEnzymeQ10	辅酶 Q10	一种抗氧化剂。

续表

cosmeceutical	药妆品	一个新构、不受管制的词，属于市场营销类词语，不受法律约束。化妆品行业用来指具有药用或类似药物益处的化妆品。
cryotherapy	冷冻疗法	即“冷疗法”，最初用于皮肤癌后的皮肤护理，现在作为一种独立的治疗方法在诊所中流行。
D2C	直接面对消费者的营销模式	直接面向消费者，不经过传统零售商。（参见 DTC）
dermaplaning	磨皮术	用类似于无菌手术刀的刀片轻轻刮除皮肤表面角质、污垢和毳毛（颜色很浅的毛）的程序，特别是下巴和耳朵周围的毛发，好让产品更好地渗透，提升光泽感。
dermatitis	皮炎	“皮肤炎症”的简称。特应性皮炎 = 湿疹；接触性皮炎 = 皮肤的过敏反应。
dermatosis papulosa nigra	黑色丘疹性皮肤病	皮肤上小的良性病变，常见于深色皮肤。
dermis	真皮	位于表皮与皮下组织之间的一层皮肤。
DTC	直接面对消费者的营销模式	直接面向消费者的销售。全称：Direct to Consumer。
eccrine gland	小汗腺 / 外分泌腺	一种简单的汗腺，直接向皮肤表面开放，腺体产生汗液后通过导管流出。
eczema	湿疹	一种慢性皮肤病，又称“特应性皮炎”，会导致皮肤发痒、发红、干燥、鳞屑和肿块，可能会遗传。皮肤屏障功能障碍和免疫系统紊乱会导致湿疹。
elastin	弹性蛋白	是弹性纤维的主要成分，赋予皮肤拉伸、回弹的特性。
Endymed	美迪迈射频	利用射频能量紧致皮肤，增强轮廓感，效果棒。
epidermis	表皮	人体的最外层，主要起屏障功能，保护身体免受侵害。
essence	精华	现代版本的爽肤水，花钱的大头应该放在这里。
EWG	环境工作小组	设立在美国华盛顿的非营利性民间环保调查组织。

续表

extrinsic ageing	外源性老化	生活方式引起的皮肤老化，涉及饮食、环境、吸烟、日晒等。
faradic	法拉第直流电护理	一种针对面部和身体的电刺激疗法。
fibroblast cells	成纤维细胞	产生胶原蛋白、弹性蛋白等分子的细胞，位于真皮层。
skin fibrosis	皮肤纤维化	皮肤在受到持续性损伤后失去弹性、局部皮肤变硬并丧失知觉，最常见的还有瘢痕。
filaggrin	丝聚蛋白	维持表皮的屏障功能所必需的蛋白质。
flannel	法兰绒毛巾	洁面时可用来去除膏状或油质洁面产品，其质地还可以温和去角质。
free radicals	自由基	不稳定的原子，会损伤皮肤中的DNA、细胞和蛋白质，导致疾病和衰老。
glycolic acid	羟基乙酸	果酸之母，拥有最小的分子，可以更深、更快地渗透到皮肤中，可用来解决衰老和痤疮等问题。
galvanic	伽伐尼电流美容	电疗美容法，能够改善肤色及弹性。
glutamine	谷氨酰胺	是一种α-氨基酸，用于蛋白质的生物合成。
glycation	糖化	当糖分子附着在皮肤中的蛋白质或脂肪上时发生的反应。糖化会导致皮肤僵硬、失去弹性。
glycerin	甘油	皮肤必需的保湿成分，适合所有皮肤，不挑年龄。
glycosa-minoglycans	糖胺聚糖（GAG）	细胞外基质的基础，构成细胞外基质的结构，愈合伤口和炎症的关键。
GMC	全称：General Medical Council (UK)	英国综合医学委员会
grip, not slip	服帖、不滑腻	将适量护肤品涂抹到皮肤上时所应有的体感。

续表

HA/hyaluronic acid	透明质酸	天然存在于人体内，位于表皮和深层真皮中，保水和修复皮肤的关键角色。把它涂抹在皮肤上时，还能帮助受创皮肤愈合。
hydroquinone	对苯二酚	主要用于淡化由怀孕、避孕药、激素药物或皮肤损伤引起的各种色素沉着过度。世界各地对其含量的规定各不相同，英国的上限是 4%。
hypertrophic scarring	肥厚性瘢痕	在皮肤受伤（皮肤外伤、烧伤、手术切口）后，如果伤口深，身体就会通过制造胶原蛋白来修复伤口。胶原蛋白比皮肤的其他部分厚，容易形成厚厚的凸起疤痕。
hypo-allereric	低敏	引起过敏反应的概率极低。
ichthysis	鱼鳞病	遗传性皮肤疾病，表现为死皮细胞不能正常脱落。
in vitro	体外（试验）	“在玻璃中”：科学家在培养皿中进行的测试。
in vivo	体内（试验）	“在生命体身上”：在人(生命体)身上进行的测试。
INCI	国际化妆品原料命名	护肤品成分表。
intrinsic ageing	内源性衰老	指皮肤老化的自然过程，大约从 20 岁时开始，本质上是真皮中胶原蛋白的消耗。
IPL	强脉冲光	也称之为 IPL 光子嫩肤，主要用于脱毛、肤色暗沉、色素沉着、红血丝等的治疗。
ITEC	国际理疗考试委员会	可提供一系列国际资格证书。
J-Beauty	日妆	日本化妆品、护肤品的总称。
Jessner peel	耶斯纳复合酸焕肤液	中等深度临床用酸。传统的耶斯纳复合酸由 14% 乳酸 +14% 水杨酸 +14% 间苯二酚在 95% 的乙醇溶液中混合而成。改良版本的耶斯纳复合酸液是 17% 乳酸、17% 水杨酸和 8% 柠檬酸的组合。
Juvederm	乔雅登玻尿酸	微型透明质酸皮肤填充物。

续表

K-Beauty	韩妆	韩国化妆品、护肤品的总称。
keloid scarring	瘢痕疙瘩	比较容易在皮肤损伤部位的数月或数年内形成，最常见于棕色或黑色皮肤的人。
keratin	角蛋白	构成皮肤、头发和指甲外层的蛋白质。
keratinocyte	角化细胞 / 角质形成细胞 / 角蛋白形成细胞	是构成表皮的最主要细胞类型，可产生角蛋白，对皮肤修复有至关重要的作用。
kojic acid	曲酸	主要用于解决色素沉着问题，在非处方产品中，它已逐渐成为对苯二酚的替代品。
lactic acid	乳酸	性质温和，是非常适用于新手的一种酸，对皮肤干燥和毛周角化病有很好的效果。
Langerhans cells	朗格罕细胞	一种位于表皮内的免疫细胞。
Laser Genesis	激光创世纪	是一种非侵入性程序，它使用激光温和地加热皮肤，从而刺激皮肤产生新的皮肤细胞和胶原蛋白。
LLA	抗坏血酸	L- 抗坏血酸是维生素 C 的最纯净形式，已被证明具有抗氧化功效，可保护皮肤免受环境损害，并改善衰老迹象。
MED	最小红斑剂量	紫外线辐射下皮肤变红所需的最短时间。
medical grade	医用级别	这个词在美国比较常见，但实际上并没有法律地位。医生写在处方中的那些才是真正的“医用级别”产品。
melanin	黑色素	使皮肤、头发和眼睛呈现颜色的色素。
melanocytes	黑色素细胞	产生并控制黑色素分布的细胞。
melanoma	黑素瘤	癌变产生的肿瘤，常因过度日晒而发病。
micellar water	胶束水	后台化妆师的“心头好”，可以快速卸妆。
microbiome	微生物群	生活在我们身上和体内的微生物。微生物护肤品预示着护肤产业的未来。

续表

microcurrent	微电流面部护理	用低压电刺激面部肌肉，其目的是提升和重塑面部轮廓，也能促进胶原蛋白的生长。
microneedling	微针	微针疗法是一种刺激胶原蛋白生成的方法。注意：只有在人体出血时才能刺激胶原蛋白，在诊所里需要用到 3 毫米的针头，家用工具做不到这一点，因此不属于家庭护肤范畴。
MLM	多级营销	也称网络营销或金字塔销售，是一种有争议的营销策略。玫琳凯（Mary Kay）、雅芳（Avon）、热带（Tropic）、艾尔保（Arbonne）、美体小铺（The Body Shop）等都采用这种营销方式。
MUA	全称：Make Up Artist	化妆师。
nd:YAG	掺钕钇铝石榴石激光	主要用于脱毛，对深色皮肤是安全的。
niacinamide	烟酰胺	是维生素 B_3 进入体内的转化物质。它有助于增强皮肤屏障功能，改善肤色不均、细纹、皱纹和暗沉等迹象。
NMF	天然保湿因子	包括角鲨烷、甘油三酯、胆固醇、神经酰胺和蜡酯。
NPD	新产品开发	新款产品的研发。
occlusive	闭塞剂	闭塞剂适用于皮肤极度干燥、或患有湿疹等皮肤病的人。它会在皮肤上形成保护性的物理屏障，但如果皮肤油腻或产品涂得太厚，则会堵塞毛孔并导致粉刺。
OTC	非处方	不需要医生开处方就能购买的产品。
parabens	对羟基苯甲酸酯	是一种合成化学物质，可用作护肤品防腐剂。它尽管被证明在护肤品中的用量是安全的，但仍被“纯净”一族排斥。
PCOS	多囊卵巢综合征	因生殖激素紊乱，女性在育龄期患上的一种疾病，会影响女性的生育能力，还会出现月经不规律、痤疮等症状。有的患者在卵巢上长出囊肿，但并不是所有患者都有囊肿。

续表

PD	口周皮炎	发生在嘴巴、鼻子周围的刺激性红疹，发作可持续数周甚至数月，通常是慢性和复发性的。
peptides	肽	肽是氨基酸的短链。肽可渗透皮肤、滋养皮肤，构建胶原蛋白和弹性蛋白。
pH	pH 值	pH 值是表示某物质酸碱性的数值。在 1—14 的 pH 值范围内，7 为中性，低于 7 为酸性，高于 7 为碱性。健康皮肤往往在 4.7—5.75 间波动。
PHA	多羟基酸	一种大分子酸，渗透慢，适合大多数皮肤，包括敏感肌。最常见的 PHA 有葡萄糖酸内酯、半乳糖和乳糖酸。
PIH	炎症后色素沉着过度	当皮肤通过制造额外的黑色素来应对损伤或刺激时，就会导致炎症后色素沉着过度，表现为棕褐色、棕色、深棕色，甚至蓝灰色斑块和斑点。
Profhilo	普菲洛	一种新型透明质酸注射剂，市场上最高浓度的透明质酸之一，旨在改善皮肤松弛。Profhilo 不仅能抚平皱纹，还能刺激胶原蛋白和弹性蛋白的产生。
PRP	自体血细胞注射再生术	最初用于治疗身体损伤，现用于面部美容，其有效性、安全性未经证明。我个人不推荐。
psoriasis	牛皮癣	慢性皮肤病，患处会产生干燥、发痒的鳞状斑块，常出现在肘、躯干、头皮和关节处。
pycnogenol	碧萝芷	提取自法国海洋松树皮的强效抗氧化剂，内服也已被证实有效。
radio frequency treatment	射频嫩肤术	用电磁波来加热真皮层，刺激胶原蛋白、弹力蛋白和透明质酸的产生，能收紧肌肤、改善肌肤轮廓。
Restylane	瑞兰	可注射的透明质酸填充物，可改善中至重度面部皱纹和褶皱。
retinoids	类视黄醇	维生素 A 衍生物，抗衰成分中的金标准。
rosacea	酒渣鼻 / 玫瑰痤疮	以潮红发作开始，皮肤在短时间内变红，随之会感到烧灼、刺痛，出现丘疹和脓疱。多发于鼻子、前额和脸颊。

续表

seborrheic dermatitis	脂溢性皮炎	主要影响头皮，会导致鳞片状斑块、皮肤发红和顽固头皮屑。其他油性区域也会受到影响，如面部、鼻翼、眉毛、耳朵、眼睑和胸部。
sebum	皮脂	含有脂肪分子的油性物质，能起到润滑作用，并防止皮肤水分散失。
silicones	硅	被“纯净”一族坏了名声，其实它并非洪水猛兽。其安全性已得到证实，不仅起润滑作用，还能帮助关键的活性成分进入皮肤。
SLS/SLES	月桂醇硫酸酯钠 / 月桂醇聚醚硫酸酯钠	用于沐浴露、清洁剂和牙膏等产品的发泡剂。理论上，它们是惰性的，而且在护肤品中的用量很安全。但对一些人来说，用后皮肤会发干，而且容易产生刺激症状。
squalane	角鲨烷	是一种用于护肤品中的保湿成分，来自角鲨烯，是一种存在于人、动物和植物中的油性物质。这是我最喜欢的成分之一，适合所有皮肤。
squamous cellcarcinoma	鳞状细胞癌	一种非黑色素瘤的皮肤癌，大多是因长时间暴露于紫外线中引起的。
Status Cosmeticus	化妆品不耐受	最主要是由皮肤屏障功能受损引起的，还有一种情况是所用的护肤品超出了皮肤需要。
stratum corneum	角质层	表皮的最外层，由富含角蛋白的角质细胞组成，最容易被非处方产品影响的部位就是角质层。
subcision	皮下分离术	是一种用于治疗凹陷性皮肤疤痕和皱纹的小型外科手术，通过皮下注射完成。
TEWL	经皮水分损失	指水分通过皮肤的表皮或外层蒸发。当皮肤的保护屏障受损时就会发生，这会导致皮肤干燥、脱水、易受刺激。
tranexamic acid	氨甲环酸	用于提亮肤色、淡化色斑，减少粉刺疤痕的出现。
triglycerides	甘油三酸酯	优质的润肤剂，可以使皮肤光滑，还可作为抗氧化剂。它对所有类型皮肤都无刺激，但对椰子成分过敏的人除外。

续表

turmeric	姜黄	它具有防腐和抗菌特性，可用于治疗粉刺，并减轻炎症，还可作为抗氧化剂。
ubiquinol	泛醇	辅酶 Q10 的衍生物，是一种强大的抗氧化剂，能够减少自由基对皮肤的危害。
vitamin A	维生素 A	又名“类视黄醇”/“视黄醇”。
vitamin B	维生素 B	在护肤品中起抗氧化剂的作用，最常见的是维生素 B_3（烟酰胺）、维生素 B_5（泛酸）和维生素 B_{12}（钴胺素）。
vitamin C	维生素 C	最可靠的抗氧化剂之一。
vitamin D	维生素 D	是参与矿物质代谢和骨骼生长的激素，通常被冠以维生素强化剂的称号，对加快皮肤的修复和新陈代谢、增强皮肤的免疫系统、抵抗自由基至关重要。
vitamin E	维生素 E	也称之为 α- 生育酚，是一种高效抗氧化剂。当与维生素 C 结合时，其抗衰能力会得到增强。反之，维生素 E 也可作为维生素 C 的稳定剂。
vitamin K	维生素 K	能够促进细胞代谢并具有抗炎特性，可促进伤口愈合。
vitiligo	白癜风	一种由免疫细胞破坏黑色素细胞引起的病症，会导致身体大面积的色素脱失。
wax esters	蜡脂	是皮脂细胞独有的，约占皮脂腺脂质的 25%。

品牌名录

表中是大家最常问的一些品牌和产品，所以并非详尽无遗，很多大牛品牌并没有全部列出。在这个表里，我对两种类型的护肤品做了区分，一种是主打“清洁”、成分来源于植物的品牌，另一种是主打科技含量、注重产品配方和使用效果的品牌。不管是什么产品，有一点你要知道：**一切护肤品都是化学物质，都出自实验室。一切！**

英文名	中文常用名	简介	购买渠道
Alpha-H	阿尔法 H	澳大利亚顶级好牌，被认为是修复和预防领域的权威，也是使用乙醇酸和其他酸的先行者，注重科学研发与配方，坚持“以酸护肤，以酸焕肤”的信仰。著名的“液态黄金”[1]就出自它家。	高街[2]、家庭购物[3]、美容护理中心
ANR[4]	（雅诗兰黛）高级夜间修护精华	雅诗兰黛的标志性科学配方产品。适合所有皮肤类型，尤其适用于 35 岁以上人群。	各渠道均有售
Anthelios	（理肤泉）安得利特护防晒	理肤泉畅销款防晒霜，有多款可供选择，主打科学配方。	各渠道均有售
Arbonne	艾尔保	虽然这家产品的成分表上最先列出的都是“植物”性的，但真正的植物成分并不多。	多级营销（见术语表）
Aveda	艾凡达	原创“天然”品牌。	各渠道均有售

1 Alpha-H Liquid Gold Glycolic Treatment，一款屡次获奖的液态去角质产品，含有 5% 的乙醇酸。
2 High street，在英国特指城市中的商业街。
3 home shopping，指消费者在自己家里通过网络、电视等媒介购物，而非实体购物中心。
4 全称为：Advanced Night Repair。

续表

英文名	中文常用名	简介	购买渠道
Avène	雅漾	法国药妆品牌，专为敏感肌设计。	各渠道均有售
Beauty Pie（BP）	美丽派，又名“BP”	美妆会员订阅制品牌。商业模式是从生产商处直接采购高端产品，然后以自有品牌销售。每月按会员级别收取数额不等的会费，同时相应地给予不同的折扣。	线上购买
belif	碧研菲	韩国美容品牌，丝芙兰的热销产品。我个人就比较喜欢它们家的一款保湿霜，用起来很不错。它号称自己有“最好”和“最纯”的成分，给人一种“天然”的印象，但其实名不副实（我不是在对其污名化，只是说出事实）。	丝芙兰
Bioderma	贝德玛	法国药妆品牌。贝德玛胶束（卸妆）水名声在外。	药妆店
Bioeffect	蓓欧菲	2010 年由三位冰岛科学家创立，致力于利用生物技术恢复和维持肌肤的天然活力，是第一个基于植物（大麦）EGF（表皮生长因子）的护肤品牌。	高端产品零售商
Biologique Recherche	原液之谜	来自法国的专业品牌，既生产标志性的明星产品 P50，也生产其他最难闻，但确实有效的产品。在成熟女性中备受青睐。	专卖店、诊所、部分网店
Caudalie	欧缇丽	法国 spa 品牌，其产品主打以葡萄籽作为抗氧化剂的功效。虽然官网上有我最讨厌的“无防腐剂、纯天然”的标语，但客观上讲，这个品牌还不错。	思蓓丝（Space NK）、百货公司、专业零售商
CeraVe	适乐肤	于 2006 年在美国创立，凭借其平易近人的价格和有效的配方，它成为最受欢迎的药妆护肤品牌之一。其产品理念都是基于神经酰胺对皮肤屏障的修复功效。	药妆店

续表

英文名	中文常用名	简介	购买渠道
Cetaphil	丝塔芙	令人困惑的是，极有争议的丝塔芙洁面奶一直在美国销量排行榜上名列前茅。在我看来，含有水、三种对羟基苯甲酸酯、两种酒精和 SLS 的洁面乳并不“适合干性皮肤”，但这并不妨碍它成为平价网红。	药妆店
Chantecaille	香缇卡	家族经营式的奢侈品牌，主打科学配方，包装上标有“天然”成分的含量。	知名零售商
Clarins	娇韵诗	家族经营式的法国 spa 品牌，主打科学配方，植物成分会被列在成分表的前面。	各渠道均有售
Clarisonic	科莱丽	电动清洁刷品牌，创立于 2000 年，现在是欧莱雅旗下的品牌。我不是这种产品的粉丝，也不推荐。	自己找渠道吧
Clinique	倩碧	倩碧于 1968 年由雅诗・兰黛创立。它最为人熟知的产品是“三部曲”[1]系列，但实际上，倩碧有比“三部曲”更优秀的产品。	各渠道均有售
Curel	珂润	日本销量第一的敏感肌专用品牌。	药妆店
Darphin	朵梵	1958 年，皮埃尔・朵梵在巴黎推出了同名护肤品牌，这是最早让我爱上护肤的牌子之一。它的产品以植物为基础，以科学配方为主导，护理油、精华、乳液和洁面奶都非常不错，还接受定制。	诊所、部分百货公司、思蓓丝
DDG (Dr Dennis Gross)	丹尼斯医生	由纽约皮肤科医生丹尼斯・格罗斯博士创建的护肤品牌。	知名零售商、百货公司、丝芙兰

1　倩碧“三部曲”由 3 个步骤组成：清洁、去角质、保湿，每一步骤对应的产品都有不同的配方强度，适合不同的皮肤类型。

续表

英文名	中文常用名	简介	购买渠道
de Mamiel	德马米尔	安妮·德马米尔是一名针灸师、芳香治疗师和整体美容师。她的美容技术非常棒，亲身经历过就会知道。以科学和植物为主导的产品线是她美容技术的延伸，但过度注重原料来源（绝非批评）。	知名零售商、思蓓丝、Cult Bcauty [1]
Declèor	思妍丽	欧莱雅旗下的法国 spa 品牌，主打植物成分。	知名零售商、面部护理专区
Dermalogica	德美乐嘉	创立于 1986 年，目前在联合利华旗下，是建立在皮肤治疗师基础上的品牌，拥有一批近乎疯狂的追随者（绝非批评）。	诊所、百货商店、思蓓丝
Dr Jart+	蒂佳婷	于 2004 年创立，是热销的韩国品牌，价格实惠，主打科学配方。我经常用这家的神经酰胺系列。它的品牌名是 Doctor Joins Art 的缩写，表达"医学与艺术"的融合。该品牌由皮肤科医生 Dr.Jung Sung-jae 和企业家 Lee Chin-wook 联合创立，其母公司于 2019 年被雅诗兰黛收购。	丝芙兰、塞尔福里奇 [2] 百货公司、Cult Beauty
Dr Sam Bunting	萨姆·邦廷医生	其创始人是一位皮肤科医生，主打功效多样的配方。	线上购买
Dr Sebagh	赛贝格医生	其创始人赛贝格 [3] 医生是著名的整形外科医生，非常擅长美容和非侵入性治疗。他的护肤品牌于 2006 年推出，广受好评。	思蓓丝、百货公司、专业零售商

1 Cult Beauty 是英国的美妆护肤综合网站之一。
2 塞尔福里奇（Selfridges）百货公司是英国最著名的高端百货连锁店，于 1909 年创立。
3 全名为 Jean-Louis Sebagh（尚－路易·赛贝格）。

续表

英文名	中文常用名	简介	购买渠道
Drunk Elephant	醉象	非常受欢迎的美国品牌，“六大可疑成分”[1]的提出者，将自己定位于“纯净”之列。我曾给它的视黄醇产品提过“建设性”的意见，没想到因此惹怒了该品牌（虽然之前我也正面评价了其他 11 种产品），所以我不是它的粉丝。该品牌现在归资生堂所有。	丝芙兰、思蓓丝、Cult Beauty
Emma Hardie	艾玛哈迪	虽然是美容师品牌，但并没有给自己贴上“纯净”的标签（谢天谢地），主打科学配方。	知名零售商、思蓓丝
ELC	雅诗兰黛公司	雅诗兰黛品牌的母公司。雅诗兰黛的产品以多个品牌名称在其他国家和地区销售，如雅诗兰黛、倩碧、芭比布朗、海蓝之谜等。	知名零售商、百货公司、丝芙兰
Elizabeth Arden	伊丽莎白雅顿	知名品牌，创立于 1910 年。	知名零售商、百货公司等
Estèe Lauder	雅诗兰黛	知名品牌，创立于 1946 年。	知名零售商、百货公司等
Farmacy	法沫溪	总部位于美国的“天然”护肤品牌，宣传从“从种子到皮肤”[2]的品牌理念，在美国丝芙兰用户中极受欢迎。它在互联网上做了大量宣传广告，以证明自己产品的天然属性。	丝芙兰、Cult Beauty
Foreo	斐珞尔	这是一个总部位于瑞典的美容科技品牌，生产一系列电动洁面仪。我不是这种产品的粉丝，因此不推荐。	各大网站、各大店铺

1 六种可疑成分包括：硅、化学防晒剂、会致敏的色素 / 香料、SLS、芳香精油和酒精。

2 该品牌与世界各地的有机农场合作，以可持续的方式采购天然的原料。这种“农民培育、科学家激活”成分的做法，使其在日益饱和的天然和低化学成分护肤品市场中脱颖而出。

续表

英文名	中文常用名	简介	购买渠道
Glossier	歌洛西	创始人艾米丽·韦斯凭借自己在社交平台上与粉丝互动而打造出的品牌，非常受千禧一代的欢迎。感兴趣的朋友可以深度搜索她的创业故事。	线上购买、线下专营店
Glow Tonic	（Pixi）果酸光采焕肤液	初代酸之一，已有 20 多年的历史了。正是 Pixi 催生出了大量山寨产品，包括“glow”一词的泛滥也与 Pixi 脱不了干系。因为该品牌率先在产品包装上标注“glow”并大获成功，导致其他品牌纷纷效仿。	大众商场、丝芙兰、高街、药妆店
Good Genes	好基因	山迪·莱利（Sunday Riley）品牌的明星产品。因为欧盟新规，原在英国销售的以乳酸为主要成分的产品已调整为以乙醇酸为主的产品，而以乳酸为主的产品仍可在美国销售[1]。	丝芙兰、思蓓丝、Cult Beauty
goop[2]	古珀	“纯净”运动的“领导者”，因营销有害的产品和治疗方法而臭名远扬。其推出的护肤品配方中含有高浓度的酒精、精油及其他致敏成分。	仅限线上购买
GOW	智慧花园	一家总部位于亚利桑那州的家族企业，主打单一成分为主的配方产品，是像 The Ordinary 一样亲民的平价护肤品牌。	Victoria Health[3]、全球多家门店
Hada Labo	肌研	物美价廉的日本品牌，主打透明质酸。	亚马逊

1 原版配方以 7% 乳酸为主，pH 值为 3，此配方可在美国销售。在欧洲销售的产品成分配比调整为：7% 乙醇酸，3% 乳酸，pH 值为 3.5。

2 goop 是由女演员格温妮丝·帕特洛创立的生活方式品牌。

3 Victoria Health 是一家以健康和美容产品为主的在线零售商。

续表

英文名	中文常用名	简介	购买渠道
Helena Rubinstein	赫莲娜（HR）	赫莲娜·鲁宾斯坦于1902年创立了自己的公司，她最先将皮肤划分为三种类型：正常、油性、干性。2019年底，赫莲娜在英国消失16年后重返美容专柜。	知名零售商、百货公司
Hydraluron	透明质酸补水保湿精华	由真理实验室出品，凝胶状，在精华阶段使用。	各渠道均有售
Indeed Labs	真理实验室	总部位于加拿大，是一个主打抗衰老的品牌。Hydraluron（也称之为Hironsluron）的生产者。	各渠道均有售
January Labs	一月实验室	小而独立的美国品牌，专注简单而有效的配方。	小而美（Niche）、小零售商
Joanna Vargas	乔安娜·巴尔加斯	乔安娜是独立的美容师品牌，在纽约和洛杉矶都设有面部护理中心，专注于高科技的面部护理。	线上购买、高端零售商
Josh Rosebrook	乔什·罗斯布鲁克	洛杉矶独立品牌，创始人有着绝对的绅士品格。产品以科学配方为主导，强调使用原生的活性草药和植物为原料，适合于各种皮肤。口碑很棒！	线上购买、部分零售商
Jordan Samuel	乔丹·塞缪尔	总部位于西雅图的独立品牌，创始人乔丹也是位绅士。乔丹和乔什都是“顾客至上”新浪潮的代表。	线上购买、Cult Beauty（英国）
Kiehl's	科颜氏	一个原汁原味的药妆品牌，现隶属于欧莱雅。	各渠道均有售
Kate Somerville	凯特·萨默维尔	总部设在洛杉矶，现归联合利华所有，口碑很棒。其创始人曾是一位知名美容师，也是我最喜欢的业内人士之一。她从不说废话，而且什么都逃不过她的法眼。	知名零售商、面部护理品牌店

续表

英文名	中文常用名	简介	购买渠道
La Prairie	莱珀妮	创立于 1931 年的瑞士品牌。	知名零售商、百货公司
Lancer	蓝瑟	知名皮肤科医生创立的同名护肤品牌，总部位于洛杉矶。去角质、清洁和滋养是 Lancer 博士护肤品系列的核心。	丝芙兰
Lancome	兰蔻	这家法国品牌成立于 1935 年，现隶属于欧莱雅。	百货公司
La Roche-Posay/LRP	理肤泉	法国药妆品牌，敏感肌适用。现归欧莱雅所有。	各渠道均有售
May Lindstrom	梅・林德斯特伦	洛杉矶“有机”品牌，梅非常注重原料的采购，其产品是名副其实的奢侈品。	知名零售商
Medik8	美迪绮 8	英国的护肤品牌，以其提出的“CSA 哲学”而闻名：即白天使用维生素 C 和防晒霜（sunscreen）、晚间使用维生素 A，也就是通常所说的“早 C 晚 A”。	专业零售商、诊所、部分网店
Merumaya	梅鲁玛雅	创立于英国的独立品牌，产品含有经证实的活性成分，价格合理。	线上网店、部分零售商
Murad	慕拉德	霍华德・慕拉德博士是业内受人尊敬的皮肤科医生之一。其同名产品基于已经证实的有效活性物质。	专业零售商、百货公司
Neostrata	芯丝翠	创立于 1988 年，提供活性成分较高的抗衰产品，于 2016 年被强生收购。	专业零售商、诊所、在线药店、其他专业渠道
OSKIA	奥斯基亚	英国品牌，自称为“纯净、天然”产品——别失望！他们的产品很出色，是我最喜欢的品牌之一。	专业零售商、思蓓丝

续表

英文名	中文常用名	简介	购买渠道
Obagi	欧邦琪	生产包括欧邦琪医用级(Obagi Medical)和欧邦琪临床级（Obagi Clinical）系列的产品。皮肤科医生杰因・欧邦琪[1]于1988年创立该品牌，后他因品牌的发展方向远离了自己的最初预想而离开。尽管该公司仍以他的名字命名，但他已与该品牌没有任何关联。	医生、皮肤专业人士、医疗美容中心
P50	（原液之谜）P50去角质水	市场上最早的酸之一，距今已有40多年的历史，是原液之谜的标志性产品，以极为出色的功效和臭臭的醋味而闻名，也有人说像发酵很久的垃圾与酸奶混合的味道，总之不那么好闻。	专业零售商、诊所、部分网店
Paula's Choice	宝拉珍选	1994年由宝拉・贝贡创立，所有产品都建立在有效的、经过验证的原材料的基础上。宝拉讨厌精油，就像我讨厌湿巾一样。	网店、部分零售商
Perricone MD	裴礼康	由皮肤科医生尼古拉斯・裴礼康于1997年推出，是较早的以医生为主导的护肤品牌之一。相比较而言，裴礼康医生的抗炎饮食建议和书籍更广为人知。	丝芙兰、Ulta Beauty[2]、约翰・路易斯百货商场[3]
Pestle & Mortar	杵・臼	爱尔兰品牌，配方简单，价格合理且效果可见，值得夸奖。	线上购买、爱尔兰药店
Pixi	Pixi	由出生于瑞典的Petra Strand在伦敦创建，拥有一批忠实的顾客。果酸光采焕肤就来自这家。它主打科学配方，也添加一些“植物”性成分，但并不痴迷于此。	各渠道均有售

1 杰因・欧邦琪（Zein Obagi）是美国乃至全世界最好的皮肤科医生，也是不少好莱坞明星的御用医生。
2 Ulta Beauty是美国最大的一站式美容产品零售商。
3 约翰・路易斯（John Lewis）是英国老牌的综合百货公司。

续表

英文名	中文常用名	简介	购买渠道
Proactiv	高伦雅芙	于 1995 年推出的美国品牌，它的除痘系列是美国销量第一的产品，主要通过电视购物进行销售。实话实说，这家的产品对皮肤的刺激性过强。	直销（如电视购物）、Ulta Beauty
PTR/Peter Thomas Roth	彼得罗夫	彼得罗夫创立的同名品牌，他宣称其产品属于“临床护理”类，但他既不是皮肤科医生出身，也没有美容师的职业资质。基于此，我总是忍不住对其产品的公信力存疑。	丝芙兰、百货公司、线上购买
REN	芢	市场上最早的“纯净”品牌之一（“REN”在瑞典语中有“清洁”的意思），现在归联合利华所有。该品牌以科学配方为主导，也痴迷于对纯“天然”的追求。	各渠道均有售
Renèe Rouleau	蕾妮・露露	美容师蕾妮于 1996 年创立了自己的公司，因提出“9 种皮肤类型”[1]而备受关注，她在此理论基础上开发自己的产品。	线上购买
Rodan + Fields	罗丹 + 菲尔兹	美国最畅销的护肤品牌之一，由两位皮肤科医生创立，采用多级营销模式。	仅限多级营销
Sam Farmer	萨姆・法默	主要生产不分性别的适合青少年皮肤、头发的护理产品。	线上购买
Sephora	丝芙兰	1970 年成立于法国，是著名的化妆品连锁品牌，也是北美最大的护肤、美妆用品零售商，现归于路威酩轩集团（LVMH）旗下。	各地商场均有

1　九种皮肤类型包括：①油性/毛孔堵塞/严重痘痘，②油性/混合/偶尔爆痘/抗衰，③油性/混合/敏感/持续爆痘，④油性/混合/敏感/偶尔爆痘，⑤正常/敏感/发红/抗衰，⑥正常/抗衰，⑦干燥/疲倦/老化，⑧干燥/被晒伤/老化，⑨干燥/敏感/发红/老化。

续表

英文名	中文常用名	简介	购买渠道
Serozinc	（理肤泉）蓝喷	来自理肤泉的出色喷雾，里面含锌。	高街、 法国药妆店
Shiseido	资生堂	成立于1872年，目前是日本最大、世界第五大护肤品公司。旗下品牌包括醉象(Drunk Elephant)、娜斯(NARS)、罗拉·玛斯亚(Laura Mercier)等。	百货公司、 思蓓丝
SK-II	SK-II	最初诞生于20世纪80年代，现为宝洁公司所有，主打成分是酵母提取物，神仙水和面膜赫赫有名。	高端产品零售商
SkinCeuticals	修丽可	该品牌由谢尔登·平内尔（Sheldon Pinnell）博士创立，他是最受人尊敬的皮肤科教授之一。该品牌现属欧莱雅所有，谢天谢地，欧莱雅继承了该品牌的理念与精神，极其注重配方的科学性。我非常信得过。	专业零售商、 诊所、 在线诊所、 专卖店
Skingredients	肌肤原料	年轻的爱尔兰品牌，由有“皮肤极客”（The Skin Nerd）之称的詹妮弗·洛克（Jennifer Rock）创立。主打经验证有效的关键成分，配方优质，是绝对的业内典范。	药妆店、 线上购买
Sisley	希思黎	法国品牌。希思黎非常注重配方的科学性，“植物美容”是它的核心追求。	知名零售商、 百货商场
Sunday Riley	山迪·莱利	来自得克萨斯的山迪·莱利创立的同名品牌，主打科学护肤。	丝芙兰、 思蓓丝、 Cult Beauty
Tata Harper	塔塔哈珀	我喜欢塔塔的一些产品，尤其是洁面产品。但我不能接受它在每种产品包装上都标注“100%纯天然、无毒”，这好像在暗示：不用它的产品会丧命。	丝芙兰、 思蓓丝、 Cult Beauty

续表

英文名	中文常用名	简介	购买渠道
Tatcha	她姹	2009年成立于美国，现归属于联合利华。它是一个诞生于美国本土，但又深受日本文化影响的牌子，声称提供“纯净”型产品。	丝芙兰
The Body Shop	美体小铺	由安妮塔·罗迪克夫人创立，现归Natura集团所有。美体小铺是最早“回馈社会”的品牌之一，在可持续性、公平贸易、反对动物试验及公益事业等问题上，美体小铺一直走在前列。	专业零售商
The Blue Cocoon	蓝色丝茧	梅·林德斯特伦这个品牌的明星产品，也是博客上被搜索最多的产品之一。	部分独立零售商
The Inkey List	秘钥清单	创立于2018，凭借着平价优势和清晰有效的护肤成分，成为The Ordinary的直接竞争对手。	药妆店、线上购买
The Ordinary	平凡之美	Deciem旗下的品牌，主打单一成分的平价产品，口碑不错。	各渠道均有售
Trader Joe's[1] (skincare)	商人乔（护肤品）	这家的产品具备优质、实惠、简单而有效的特点，但不幸的是，它总是被美国的美容媒体忽视。	乔氏商店
Tropic	回归线	由苏茜·马（Susie Ma）创立于英国。该品牌总爱谈论其产品中没有的成分，并且喜欢标榜自己的“绿色”“纯净”“天然”属性，经常通过与其他品牌对比来抬高自己的身价，我不喜欢这一点。但他们会认真听取反馈，这倒比其他品牌好很多。	线上购买、多级销售

1 Trader Joe's是一家美国连锁杂货店，总部位于加利福尼亚州蒙罗维亚。

续表

英文名	中文常用名	简介	购买渠道
TTDO（Take The Day Off）	倩碧卸妆膏	倩碧的标志性产品，也被昵称为“紫胖子”。	
Vichy	薇姿	该品牌于1931年创立于法国，现隶属于欧莱雅，是以科学配方为主导的产品，也得益于小镇温泉水的治愈能力。	高街、药妆店
Votary	仰慕者	由阿拉贝拉·普雷斯顿(Arabella Preston)和夏洛特·塞姆勒(Charlotte Semler)创立的英国天然品牌，主打以植物成分为主的护理油。	思蓓丝、Cult Beauty
Vintner's Daughter	温特纳之女	该品牌专注于优质原料的获得，获大奖无数。它只销售两种产品：活性植物精华和活性修复精华，其中植物精华是一种包含22种“密集营养”成分的面油，价格不菲，但一用就爱。该品牌已经走在“纯净”世界的前沿。	思蓓丝、Cult Beauty
Weleda	维蕾德	1921年在瑞士推出，拥有肌肤食品系列明星产品，主打绿色、植物、科学配方。	保健品店、部分零售商
Zelens	泽伦斯	由马克·伦斯（Marko Lens）医生创立的英国品牌。伦斯是一位整形外科医生，专攻皮肤癌和皮肤老化。该产品拥有极其科学的高性能配方，含经验证有效的植物成分，是我非常信任的品牌。	医生、专业零售商、诊所、知名零售商
ZO[1] Skin Health	Zo健康肌肤	包含高效的医疗级护肤品和非医用产品。它是杰因·欧邦琪博士在离开Obagi之后创立的新品牌。（见Obagi）	专家、诊所及部分网店

1 ZO是Zein Obagi的首字母。

关于作者

卡罗琳·海伦斯(Caroline Hirons)：在护肤领域深耕35年，是最熟悉产品配方、品牌运营思路、行业内幕的人，在护肤品行业有深远的影响力。

她敢于说真话、说实话，从不矫揉造作，拒绝粉饰太平。2010年，卡罗琳开通博客账号。她秉持严肃认真的专业态度，绝不推荐无用产品，直击护肤误区，赢得了千万粉丝的心，被誉为“直言不讳的护肤女王”。任何护肤品一经她的推荐，都会在零售业掀起一阵热潮。

于卡罗琳而言，护肤不但是一项事业，更是她最大的爱好，护肤的理念流淌在她的血液之中。她的外祖母、她的母亲，都曾在护肤品专柜工作过，所以她对护肤行业既有使命感，又有归属感。

卡罗琳出生于英格兰利物浦，在英国和美国长大。自1987年起，她与丈夫吉姆带着四个孩子定居伦敦。

carolinehirons.com

CarolineHironsOfficial

CarolineHirons

CarolineHirons

CarolineHirons

参考资料

1. 英国皮肤科医生协会（British Association of Dermatologists）：
   http://www.bad.org.uk/skin-cancer/ sunscreen-fact-sheet#applying-sunscreen
2. 加拿大卫生部（Canadian Government Health department）：
   https://www.canada.ca/ en/ health-canada/ services/ food-nutrition/ healthy-eating/vitamins-minerals/vitamin-calcium-updated-dietary-reference-intakes-nutrition.html
3. 神经精神病学杂志（Journal of Neuropsychiatry）：
   http://www.jneuropsychiatry.org/ peer-review/depression-and-vitamin-d-deficiency-causality-assessment-and-clinical-practice-implications-12051.html
4. 英国国家医疗服务体系（NHS）：
   https:// www.nhs.uk/ news/ cancer/ vitamin-d-may-reduce-risk-some-cancers/
5. 英国糖尿病社区网（Diabetes.co.uk）：
   htps://www.diabetes.co.uk/food/vitamin-d.html
6. 英国国家医疗服务体系（NHS）：
   https://www.nhs.uk/ conditions/ vitamins-and-minerals/ vitamin-d/ 7 Personal Care Products Council
7. 根据欧盟法律（《条例》附件 II 第 416 条），禁止使用含有人类来源成分的护肤产品。
8. 欧洲委员会消费者安全科学委员会（European Commission’s Scientific Committee on Consumer Safety，SCCS）
9. 加拿大政府规定的的化妆品安全成分（Safety of Cosmetic Ingredients）

致谢

没有我的读者和粉丝朋友们，就不会有这本书。感谢你们！衷心感谢你们对我的信任、支持与挑战！特别感谢护肤怪才小组的成员们，你们是我见过最独特、最狂热的护肤爱好者！谢谢 @lizalaska，感谢你创建“跟卡罗琳学护肤”（CAROLINEHIRONSMADEMEDOIT）话题，还组织了那么多让我惊喜的活动！谢谢你们！

感谢哈珀·柯林斯（HarperCollins）的团队，特别是丽萨·米尔顿、凯特·福克斯、劳拉·妮可、路易斯·埃文斯，谢谢你们的耐心等待！

梅根·卡弗：谢谢你的指导，你不仅教给我什么是深入浅出，还让我真正享受其中；贝弗·詹姆斯：谢谢你的指导和支持，谢谢你在我情绪低落时，冷静地鼓励我；莎拉·戈登：谢谢你，你的镇定让我有条不紊、临危不乱；如果把你比作一支足球队，我想只有红色劲旅利物浦能配上你！（此时，让我们高喊红军教头的名字——尤尔根·克洛普，喊出利物浦队的口号“永不独行”！）

我不喜欢搭茬儿、找事儿，这可能与自媒体的主流们恰恰相反。我这个人比较怕麻烦，但再稳的船有时也会稍微偏离航线。所以，我在这里要向品牌和零售商表示感谢，他们格局大、胸怀广，不仅不介意质疑，还积极给予鼓励。这张品牌的名单很长，在这里我要先感谢以下品牌与零售商，阿尔法 H、香缇卡、娇韵诗、倩碧、丹尼斯·格罗斯医生、艾玛·哈迪、雅诗兰黛、美迪绮 8、真理实验室、乔什·罗斯布鲁克、凯特·萨默维尔、梅·林德斯特伦、慕拉德、OSKIA、Pixi、芒、山迪·莱利、乔丹·塞缪尔、美体小铺、仰慕者、泽伦斯、德本汉姆（Debenhams）、夏菲尼高、哈洛德百货（Harrods）、约翰·路易斯百货、利伯提百货（Liberty）、塞尔福里奇百货、Cult Beauty、Cloud 10，感谢你们在过去的十年里对我一如既往的支持，衷心感谢你们！还有那些与我打过交道之后成为好友的公关人员——谢谢你们（伙计们，给你们添麻烦了）！

也非常感谢我优秀的医生朋友，感谢你们的建议和指导：马克 · 伦斯医生、艾玛 · 韦奇沃思医生、萨姆 · 邦廷医生、贾斯汀 · 克鲁克医生、乔安娜 · 克里斯图医生。

感谢我的“稳定军心”团队：乔希 · 伍德、蜜兰妮 · 史密斯、达茜。我爱你们每一个人，谢谢你们在我心情低落时给我鼓励，帮我打起精神投入工作。

感谢我 39 号的团队：露露、克里斯托弗、莫莉、露西、多姆、菲尔、亚历克斯，你们有一流团队的完美阵容。愿我们永远有茶喝，有闲情逸致讨论午餐吃什么，永远快乐又自在。

感谢身在利物浦、沃灵顿、伦敦西部以及远在美国的亲朋好友们。感谢我的女性朋友们，不管你们是否身处护肤行业：阿曼达•贝尔、阿泰•珠儿、安娜•牛顿、迪娅•阿约德尔、夏琳•加维、乔安妮•米克、珍•麦克雷、艾玛•甘思、艾米丽•多尔蒂、霍利 • 哈珀、艾米丽 • 简 • 约翰斯顿、汉娜 • 马丁、希瑟 • 麦凯、杰米 • 克林格、珍妮弗•罗克、吉尼•萨纳西、乔安娜•瓦尔加斯、凯特•萨默维尔、莉莉•帕柏丝、洛娜 • 安德鲁斯、米歇尔 • 乔治、纳丁 • 巴格特、蕾妮 • 露露、露丝 • 克里里、萨林纳里 • 休斯、特蕾莎 • 塔米、特蕾西 • 布坎南、特里尼 • 伍德尔、佩特拉 • 斯特兰德、斯蒂芬妮 • 妮可、希拉 • 伦 • 皮尔森、碧翠丝 • 艾丁、劳伦 • 米尔斯、莎拉 • 库南、乔 • 图钦 • 夏普、莎娜 • 吉利斯、克莱尔 • 科尔曼、佐伊 • 库克、霍莉 • 布鲁克、特雷西 • 伍德沃德、富米 • 费托、路易斯 • 伍拉姆、海伦 • 伯纳姆、乔登 • 惠芬、佐伊 • 萨格，希望的田野上有你也有我，感谢我的姐妹们！

感谢我的男性朋友们：萨姆 • 法默、凯文 • 詹姆斯 • 贝内特、大卫 • 其尔施、多姆 • 斯梅尔斯、乔治 • 哈默、兰 • 马伯、马克 • 奥尔德里奇、詹姆斯 • 兰姆、安迪 • 米尔沃德、托尼 • 奥佩、约翰内斯 • 比约克伦德、菲利克斯 • 斯特兰德，感谢各位！

感谢我的家人们，他们支持着我走过每一步，谢谢妈妈和史蒂夫，谢谢爸爸和特蕾莎，感谢克里斯托弗、米歇尔、伊桑、詹姆斯、海利（他们是我博客的忠实读者）。

最后，感谢我的丈夫吉姆，以及我们的四个孩子，本、丹、艾娃、马克斯，也要感谢莉莉。是你们赋予了我存在的意义。我爱你们！

图书在版编目（CIP）数据

护肤女王的终极严肃指南 / （英）卡罗琳•海伦斯(Caroline Hirons)著；
满彩霞，郜凌云 译. 一北京:东方出版社，2022.8
书名原文：SKINCARE:THE UTTIMATE No-NoNSENSE GUIDE
ISBN 978-7-5207-2438-8

Ⅰ. ①护… Ⅱ. ①卡… ②满… ③郜… Ⅲ. ①皮肤一护理一指南
Ⅳ. ①TS974.11-62

中国版本图书馆CIP数据核字(2022)第044375号

著作权登记号：01-2021-3812

护肤女王的终极严肃指南
(HUFU NÜWANG DE ZHONGJI YANSU ZHINAN)

作　　者：卡罗琳•海伦斯
译　　者：满彩霞　郜凌云
统　　筹：王莉莉
责任编辑：赵爱华
责任审校：金学勇　孟昭勤
封面设计：张艾米
内文设计：杜英敏
出　　版：东方出版社
发　　行：人民东方出版传媒有限公司
地　　址：北京市西城区北三环中路 6 号
邮　　编：100120
印　　刷：北京联兴盛业印刷股份有限公司
版　　次：2022 年 8 月第 1 版
印　　次：2022 年 8 月第 1 次印刷
开　　本：710 毫米 ×1000 毫米　1/16
印　　张：17.5
字　　数：107 千字
书　　号：ISBN 978-7-5207-2438-8
定　　价：69.00 元
发行电话：010-85924663 85924644 85924641